钩艺

胡月珍 著

金钩针®编结工作室作品鉴赏

古吴轩出版社

图书在版编目（CIP）数据

钩艺：金钩针编结工作室作品鉴赏 / 胡月珍著. --
苏州：古吴轩出版社, 2020.12
ISBN 978-7-5546-1648-2

Ⅰ. ①钩… Ⅱ. ①胡… Ⅲ. ①钩针—编织—图集
Ⅳ. ①TS935.521-64

中国版本图书馆CIP数据核字(2020)第225635号

封底篆刻：潘裕果
责任编辑：鲁林林
装帧设计：韩桂丽
责任校对：戴玉婷
责任照排：殷文秋

书　　名：钩艺——金钩针编结工作室作品鉴赏
著　　者：胡月珍
出版发行：古吴轩出版社
地址：苏州市八达街118号苏州新闻大厦30F　邮编：215123
电话：0512-65233679　传真：0512-65220750
出 版 人：尹剑峰
印　　刷：张家港市恒丰包装有限公司
开　　本：889×1194　1/16
印　　张：13
版　　次：2020年12月第1版　第1次印刷
书　　号：ISBN 978-7-5546-1648-2
定　　价：158.00元

序

胡月珍是我的老同事。她是改革开放后苏州日报社恢复出版报纸时的老报人，乐于助人，心灵手巧，是当时年轻记者眼中的“生活家”。报社后辈都尊称她为“胡大姐”。

胡大姐退休后，重拾起了小姑娘时外婆传授给她的“手指芭蕾”——钩针编织，一根小小细长的钩针，编织出千姿百态的手工实用艺术品，不仅拥有了“金钩针”的国家注册商标和无数粉丝，还列入了“非遗”保护名录，走进了学校课堂。十年磨一“钩”，最近她将退休十几年内精心创作的钩针编织作品汇总出版，不仅为老有所乐的退休生活提供了一个范例，还为优秀传统手工艺的传承留下了一个样本。

中国传统农业社会有一幅经典生活图景叫作“男耕女织”，《天仙配》里的仙女小妹思凡下凡，唱的也是“你耕田来我织布”。不过这里说的“织”，仅仅是指女子为生存而劳动。如果上升到向往美好生活的境界，那时候的传统人家，不管是闺阁小姐还是小家碧玉，女儿家都要学习“女红”，尤其是江南女子，给人的印象大多是“很会做人家”，所谓“织纫刺绣，工巧百出，他处效之者莫能及也”。吴方言中用一个“jiɑ”字来赞赏女孩子，这个字留在《康熙字典》里，笔画复杂，几乎没人认得，但那是一种文脉。其实，吴方言没有成长为文字书写，连《红楼梦》里的吴方言文字也只能写“白”字。考虑再三，此处还是标音意会吧。

当然，“女红”的作用还如同琴棋书画，它是女子素养与德行的展示。胡大姐在书中有一段话写得非常好：“那时一个女子的秀与慧、情与意，也往往是借一件件精心炮制的女红作品来欲说还羞，来温暖一家人。”话中的“那时”是指物质和精神都还匮乏的年代，家家都要精打细算过日子，如果恋爱中的女儿家给男朋友织了一件花式新颖的绒线衫，或者给未来婆婆钩出一件披肩之类的，一定加分无数。

在物质生活高度发达的当下，钩针编织这类手工实用艺术品已更多承载着精神层面的意义了。尽管我对钩针技艺一窍不通，但书中收录的“金钩针”大量作品我已先睹为快，无疑是值得欣赏的艺术品。

《钩艺》不是一本简单的钩针编织教程，而是胡大姐在操练钩针技艺的同时，用一位新闻记者的眼光，对钩针编织从起源到进入寻常生活，又成为生活艺术品的历程进行了一次探寻。因为都出自亲力亲为，所以讲述的故事很吸引眼球，相信读者诸君在阅读和欣赏这本书时，会对这门传统手工技艺的神奇和美感产生浓厚兴趣。

胡大姐是“老三届知青”。“知青”是个有着特殊意义的专用名词，注定会在中国历史专题研究中留有一个位置。这一代人的人生经历丰富而曲折，他们的命运与国家和民族的命运紧紧联系在一起，似乎一直在历史的巨轮上跌宕起伏，又一直被急剧变幻的时代所裹挟，所激荡……但历经千磨万难的他们中的一部分人，仍然在含饴弄孙的年纪，为自己人生中的梦想而忙碌着。应该向他们表示敬意！

简雄

2020年8月8日于吴门

目　录

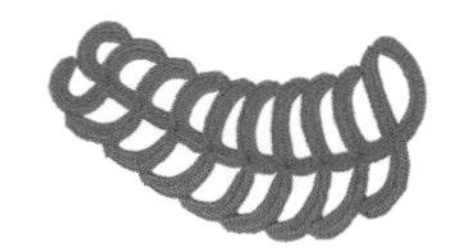

引 子

这世界上所有物种的生存都要经历艰难险阻。再难、再险，前行的脚步不会停止，因为，他们都有一个共同的使命，那就是——将自己的生命延续下去！

毫无疑问，艺术也是有生命的。钩艺当然也是。

生活中，还有什么是从七八岁开始，一路好几十年的若即若离却从未走远？是一枚钩针，是一门技艺，是一颗对钩针编织的喜爱之心。用了几十年的钩针，不慎丢了，会不顾一切地去找；外婆给的象牙钩针断了，心会好痛；看到漂亮的钩针作品，会挪不开视线，会心动，会千方百计找到相同的线仿着钩，钩啊钩，一针针数，一片片花拼连。一枚称手的钩针，一旦与一团上好的线经过一番构思达成某种默契，一件件钩艺作品，就可以产生了——人与针线之间的灵魂对话就这般开始了。

大凡爱好钩艺的人都有过这样的体验：每当作品钩织完工，总会凝望着完工的钩织物，要横看竖看，几番端详，自我回望一下钩织的过程，记下"过门关节"的处理技巧，想着线材的质地粗细与花纹款式是否吻合，下次再做还有哪里可以做得更好。于是，钩艺，这门兼"百年老"又"超现代"的手工艺术，一步步走向精致完美。

一款设计好的钩针编织作品，其钩织的过程，就是那些看似繁复的针法和重复的花样，对称的或不对称的，都会带着诗歌一般的韵律感，循着节奏一排又一排、一圈又一圈地长大，让投入其中之人，忘乎所以，欲罢不能。千针万线之后便是熟能生巧，一旦灵感闪烁，还会挑战不同的针法，让各种看似不可能的新鲜花纹在自己手里诞生……

中国女红，手工编织。钩针技艺亦被称为"手指芭蕾"，如此动人心思的钩针技艺，需要有人记录、守望、传承。

本书即为记录苏州的指间技艺——钩艺。"记录总是有意义的，何况是记录苏州"。

领略钩针编织之美

中国女红，多指女子所做针线活儿，手工缝纫、钩针编织、棒针编结等，都离不开针和线。

钩针技艺，就是用钩针和线进行编织的手工技艺，是钩针与线缠绵的一门传统手工编织艺术，是人与钩针之间最美的絮语。

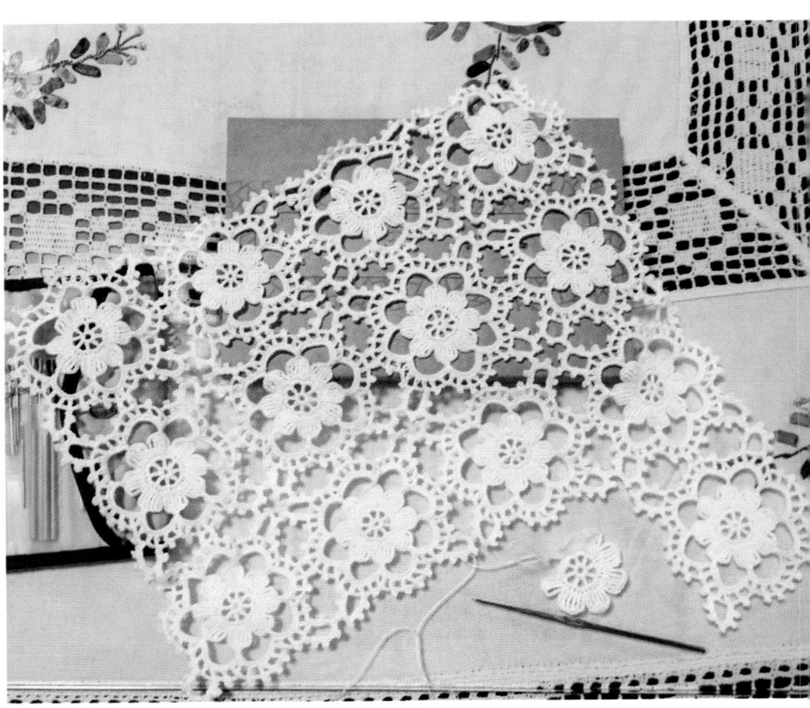

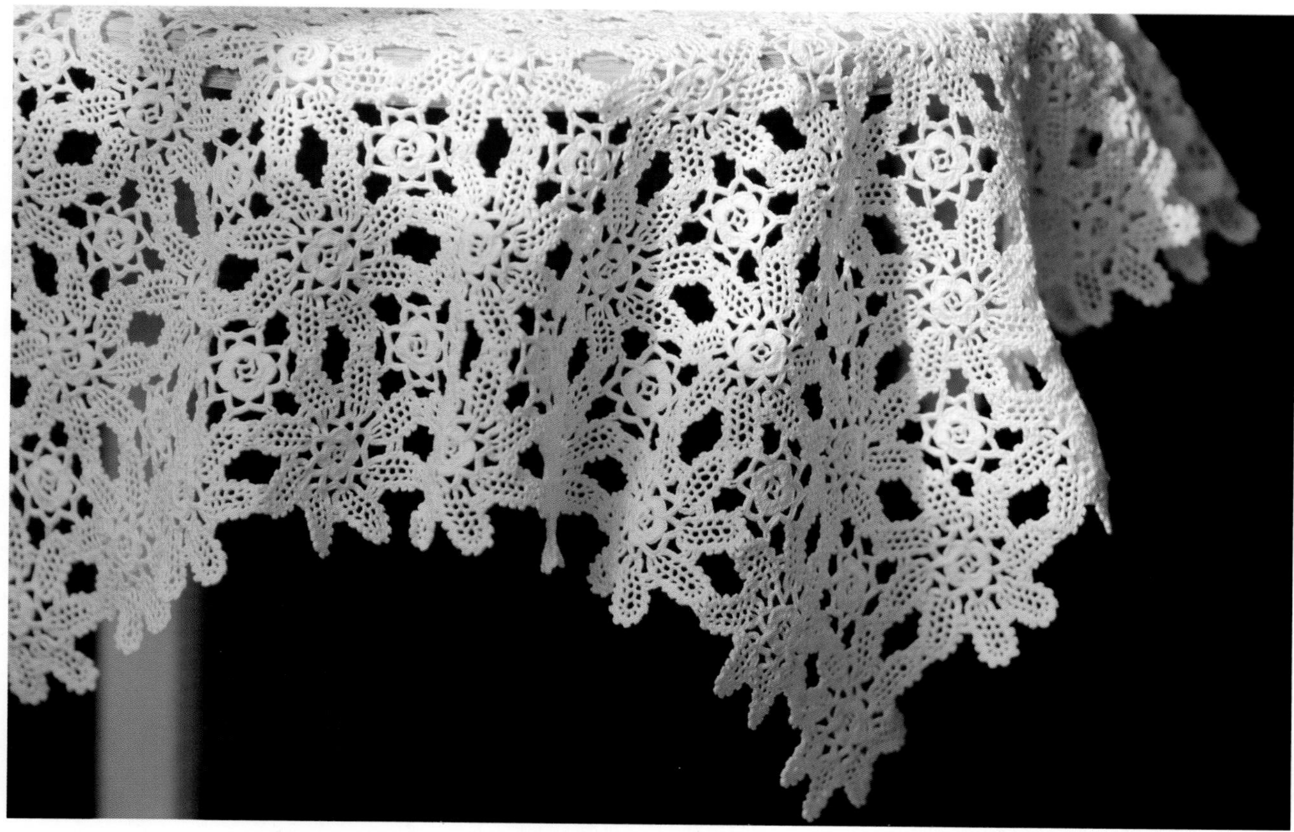

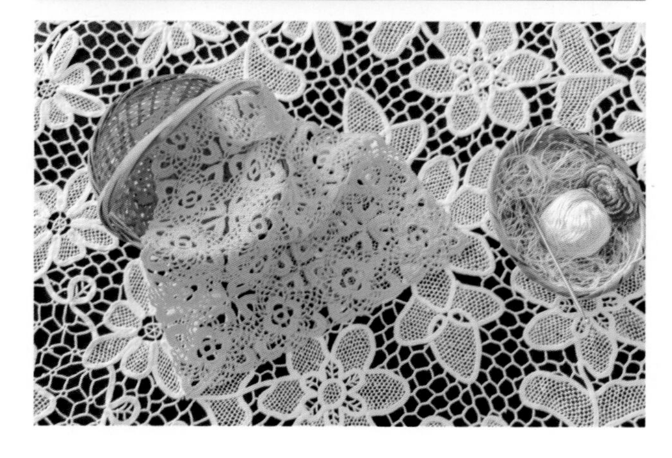

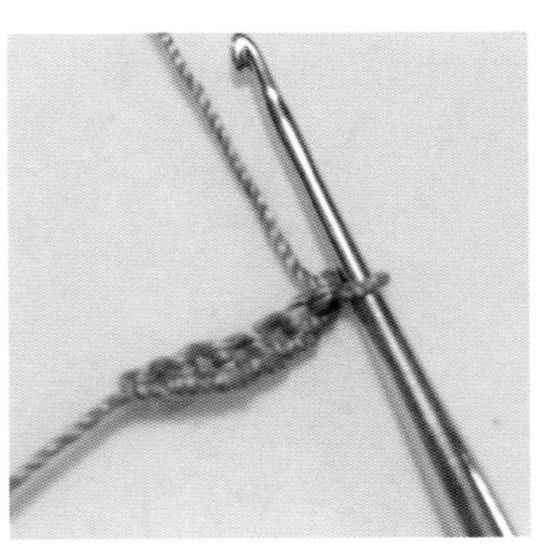

“橄榄枝”起针6针打圈

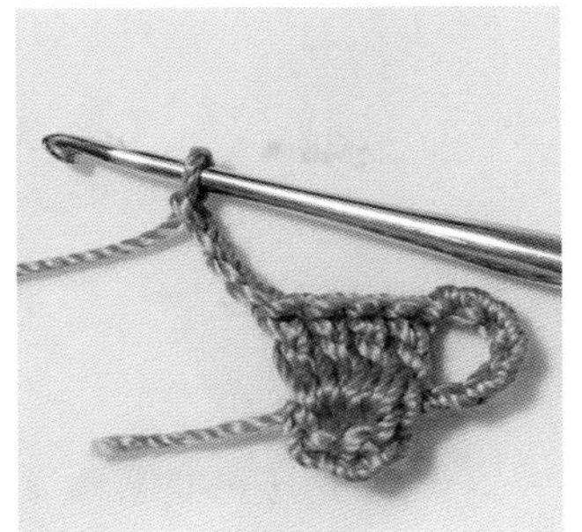

7针辫子、4针长针依次钩

3长针与第3针辫子引拔

3辫子起立，3长针，4辫子，4长针，2辫子，依次钩

2辫子与前3辫子引拔

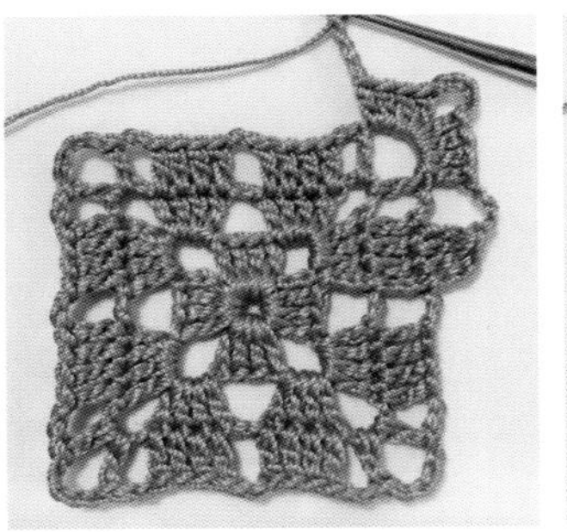

3辫子、3长针并针，4辫子，转角4长针、4辫子、4长针依次钩

2辫子吊一长针封行

5辫子与3辫子引拔

3针并小蜜枣，间隔4辫子

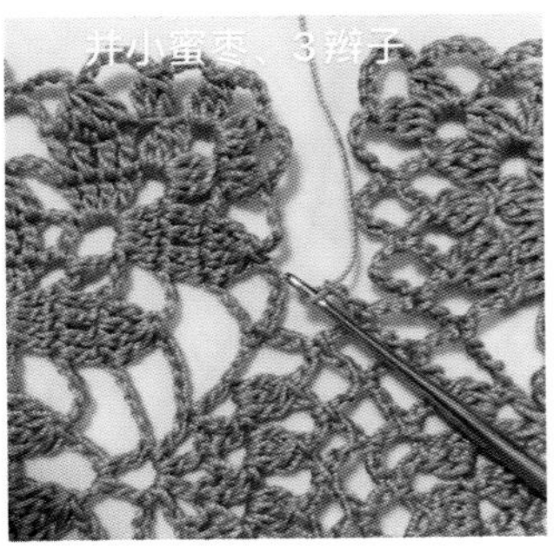

两片相接一边是2辫子来回钩，角为3辫子、3长针并小蜜枣、3辫子

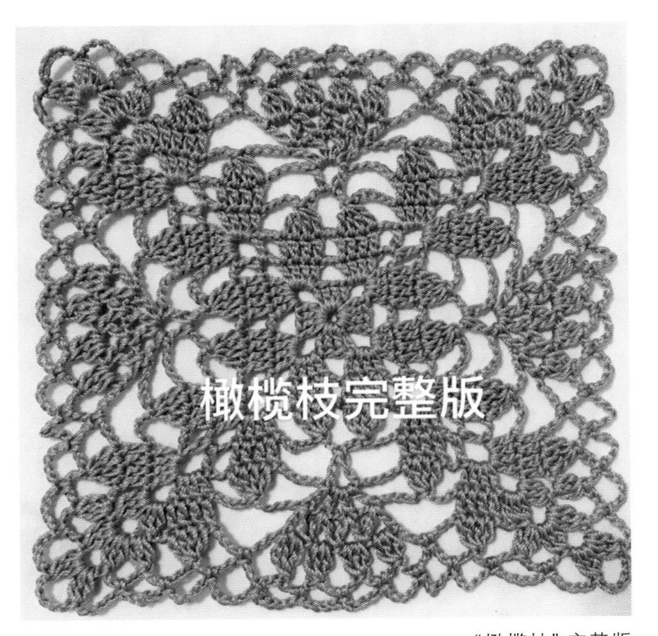

“橄榄枝”完整版

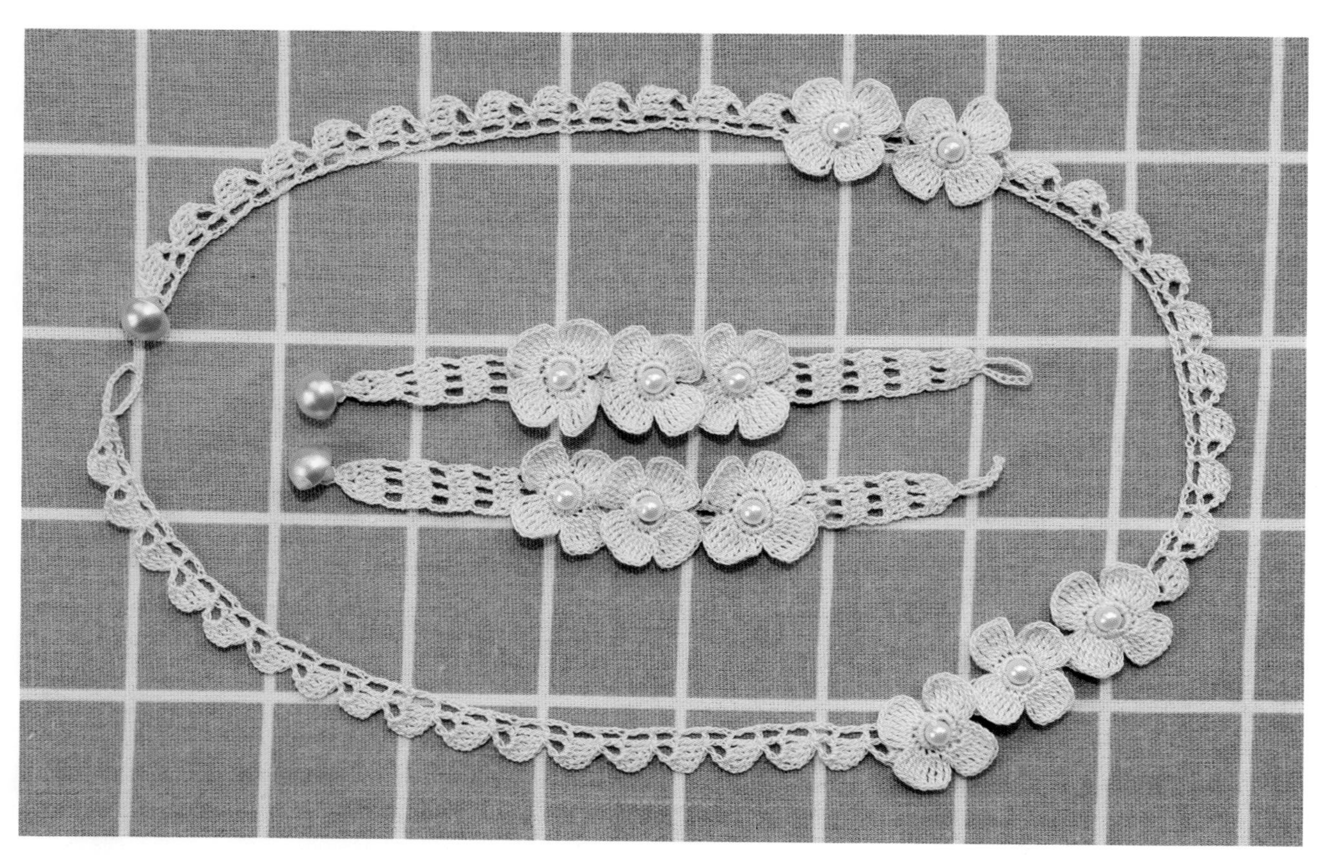

中国女红(nǚ gōng)亦作“女工”“女功”，通常指女子手工编织或制作技艺。钩针编织作为女红范畴中一门传统手工技艺，与棒针编结、梭编、草编、结网、毡、纺织、缝纫、拼布、刺绣、包梗花、布贴绣、浆染、扎染等手工技艺一起，美化着、服务着人们的生活，世代相传。而钩针织物可以横着来回钩、竖着来回钩，可以围圆圈钩，针法变化无穷，钩出的花纹有经纬的纹理，也有刺绣的韵律。所呈现的审美效果既有别于手绣包梗花，或布艺镂空花制作，又不同于毛线编织等其他手工技艺效果的编织物，其似露非露、疏密有致、

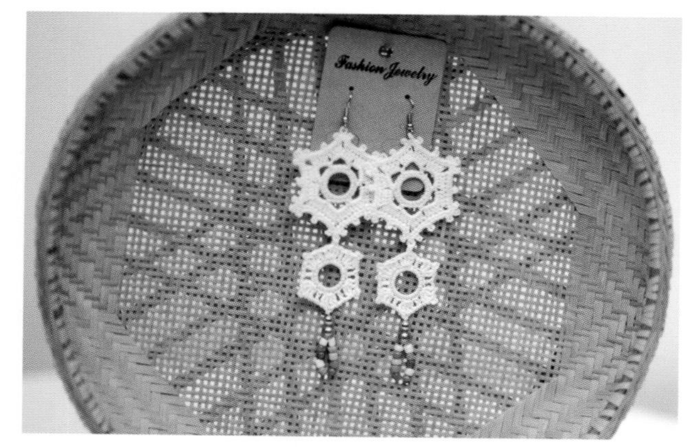

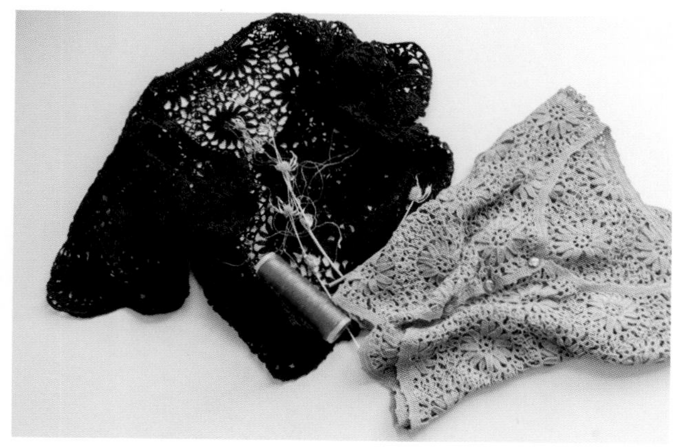

张弛有度的镂空花纹，不管是有规律的图案花样，还是毫无规则可循的、据说是钩针编织技艺中的爱马仕、非常有诱惑力的爱尔兰拼花，钩针编织有其独特的表现力。其精美雅致和所散发出来的艺术魅力，让人无法抗拒。它在生活中的广泛应用，更是讨俏了人们的优雅生活。典雅俏丽是钩针织物与“苏式”生活方式最协调的审美特质，也是钩针织物形式美的核心。爱美之心人皆有之，用钩针编织，不一定奢侈华贵用金丝银线，普通的精纺棉线，靠着一枚钩针，足够编织出非凡气质。

都说一方水土养一方人，任何手工编织物形成的艺术风格，它的产生与发展，都离不开特定地域的文化语境。苏州人爱玩的手工钩针编织，作为传统物质文化大家庭中的一个成员，离不开太湖水土的养育和姑苏人文气息的熏陶，并由此形成了精美典雅、材精工致、技巧百变的审美取向和意蕴品格，在工艺和审美两方面当仁不让地成为针线活中的典范。

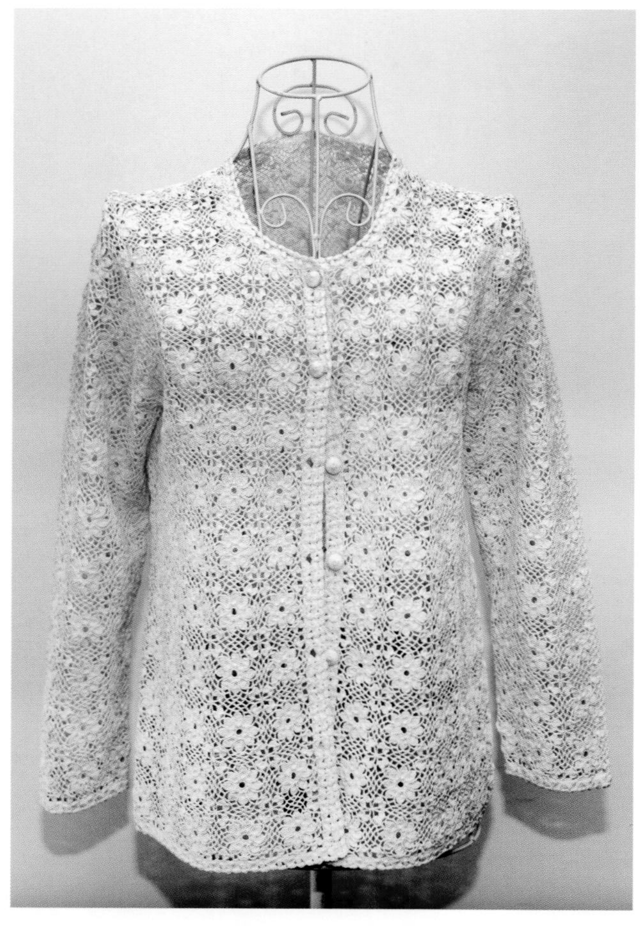

材精工致，一直是传统手工艺追求的目标和品格。苏州人自小就耳濡目染，浸润在浓浓的手工艺大氛围中。所以，那些从容不迫依靠手工技艺谋生的苏州人，对材质的精良和技艺的精益求精有着天然的要求。清乾隆《元和县志》载：“吴中男子多工艺事，各有专家，虽寻常器物，出其手制，精工必倍于他所。女子善操作，织纫刺绣，工巧百出，他处效之者莫能及也。”评价之高，可见一斑。对技艺的研精殚思，应该是苏州人给予世人最有价值的精神内涵之一。

在苏州，用两根针编织叫作织，或结，织毛衣，结绒线。用一根针编织叫作钩、钩针编织。钩针编织是一种传统的手工编织工艺，具有悠久的历史和美学文化的积淀，其艺术魅力经久不衰。钩针编织除了需要的钩针工具和织线日趋优质以外，人心素养才是最好的材料素材，谓之心灵手巧，巧夺天工。所以，不管是中国风格、苏州味道，还是异域情调，复古风、时尚款，各种钩针编织风格由过人的才情来混搭，都可以和谐组合，不会有违和感。

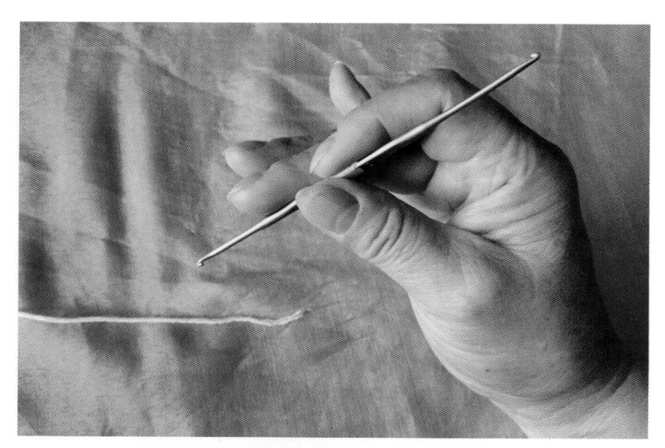

钩针编织看起来非常简单，不用绷架之类的辅助工具，就一枚钩针。最常见的“织毛衣”起码要两根以上竹针或其他材质的棒针，所以钩针编织被公认为是“规模最小的编织制作”，只要心里想学，上手就很容易。从零开始学钩针，只需一枚钩针和一团线，钩针编织就可以开始了：右手拇指、食指、中指轻捏钩针，左手将线顺序缠绕于食指并挂下，拇指、中指捏住线头，绷紧，钩针插入将线绕成圈，再将下端线从圈子中钩出来，这样就钩成一个活结起针“点”。连续做这个动作，环环相扣，就可以一针针钩成一根“线”了。从点到线、从线到面、从面到件，只要学会了起针、辫子针、短针、长针、加针、减针、收针、挑针、缝合、引返，这些最基本的针法，即便是新手，也可以开始钩织作品了，想钩啥都可以。学会的针法越多，钩得越多，熟能生巧，编织的技法便可翻出无穷花样。当然，具有美学、绘画、几何、色彩、服装设计、剪裁等等基础技艺技能，有二维空间概念甚至三维空间的想象能力，有悟性，就能钩出更多更漂亮的花纹花样物件，就能钩织组合出更加精美的衣衫饰品，这就是传统手工钩针编织技艺之生命力得以延续的重要元素。

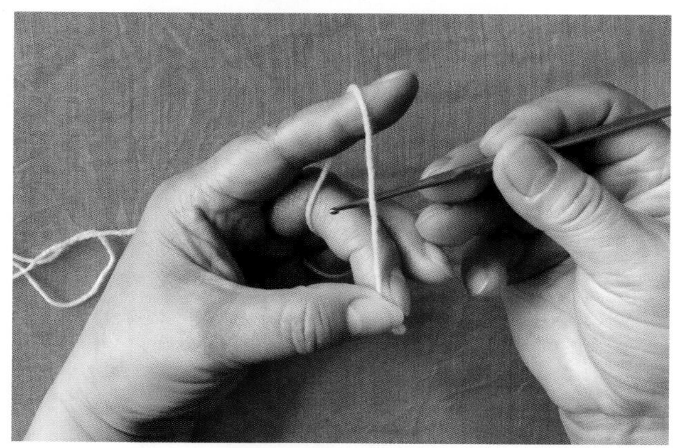

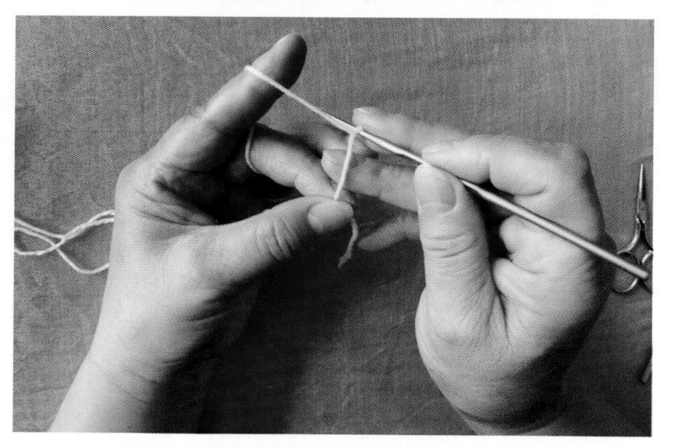

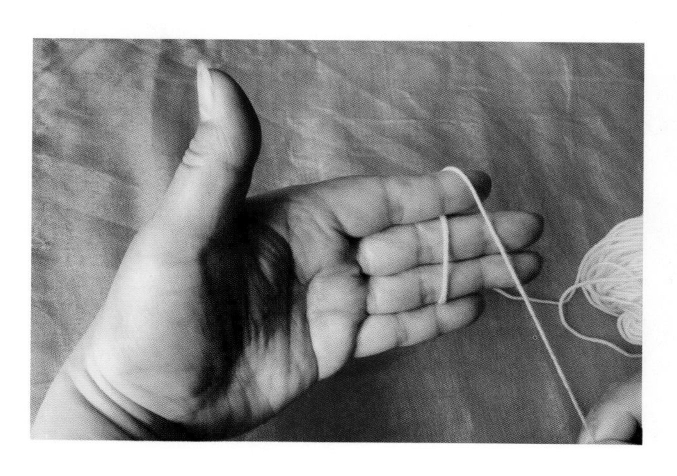

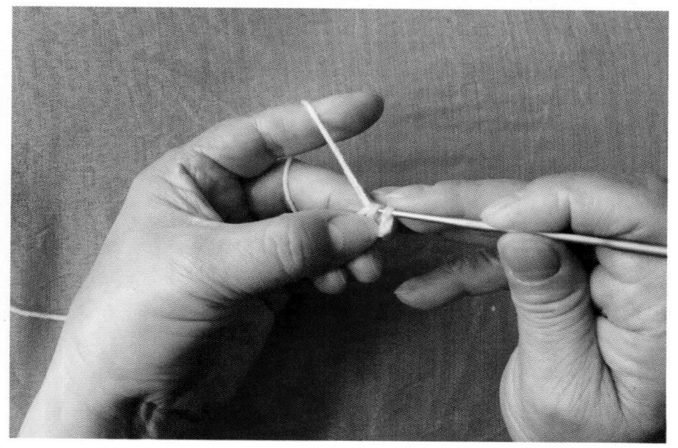

CLOVER
1.25mm

钩针编织技艺历史悠久，但是总能跟着时代潮流，伴随人们的生活，不断注入时尚艺术元素。提炼钩艺，使现代钩针编织物更显精致典雅，诗意徜徉，美不胜收，让人"见一番时爱一番"。有人说："一枚小小的钩针，是可抵一台织机的。"这真是毫不夸张。一枚钩针只有三四寸长，捏在手里，可钩织小花小草，帽子围巾，亦能"一发不可收"，钩织出针法繁复有序的床罩、碎花的窗帘，甚至篱笆般的花园护栏网。织物世界就是"缤纷世界"，织物用途能涉及生活的各个领域，且不必再裁剪缝纫，打好"腹稿"，"钩钩复钩钩"，即能一次成形。

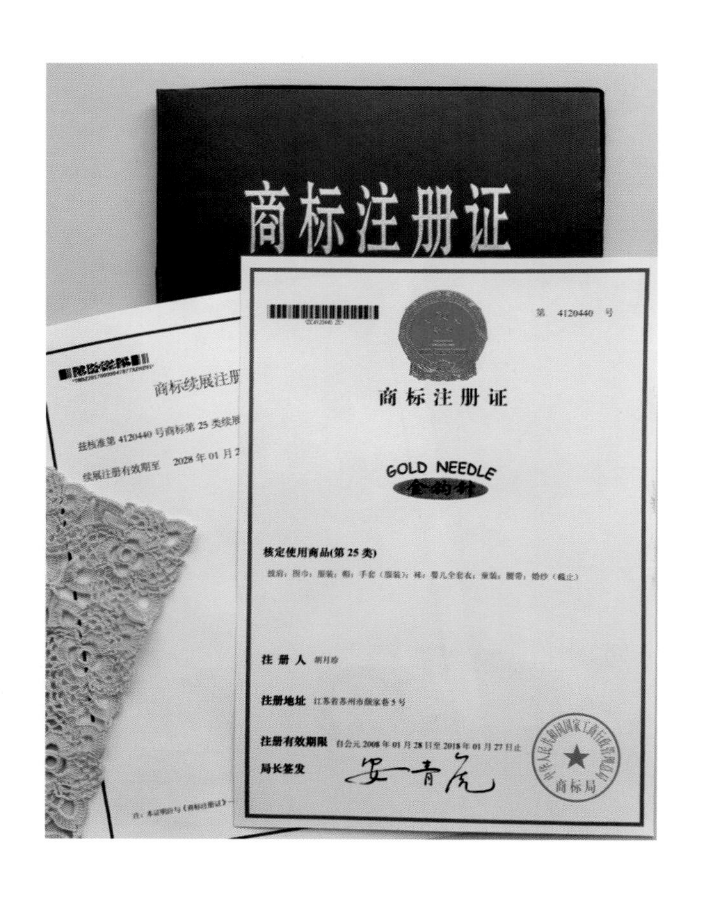
商标注册证

第 4120440 号

商标注册证

GOLD NEEDLE
金钩针

核定使用商品(第 25 类)

披肩；围巾；服装；帽；手套（服装）；袜；婴儿全套衣；童装；腰带；婚纱（截止）

注 册 人 胡月珍

注册地址 江苏省苏州市颜家巷 5 号

注册有效期限 自公元 2008 年 01 月 28 日至 2018 年 01 月 27 日止

局长签发

中华人民共和国国家工商行政管理总局 商标局

商标续展注册

兹核准第 4120440 号商标第 25 类续展

续展注册有效期至 2028 年 01 月 2

设计巧妙、钩艺精细、花样漂亮的钩针织物可美化着装搭配，可制作各种礼品，甚至可作为国礼传递友谊，还可点缀居室陈设，营造恬淡雅致的气氛。用钩针织物做居室软装潢，任何他物难以望其项背。其制作之讲究，花纹图案之形象生动，赏心悦目的视觉效果的确盖过其他织物之同类工艺。

2004年，金钩针编结工作室在申报国家注册商标时，采用了中英文的“金钩针（GOLD NEEDLE）”，标识画面非常简明，LOGO设计的灵感就是梦想着伙同心灵手巧的姐妹们，将手工钩针编织技艺做成我们苏州的一块叫得响的金字招牌。不但要让钩针织物、钩艺作品重返市场舞台，重放光芒，还要竭尽全力，既传承好技艺，又创新出精品，让融合了苏州元素特质的手工钩针编织品丰富现代人的生活，走出国门。

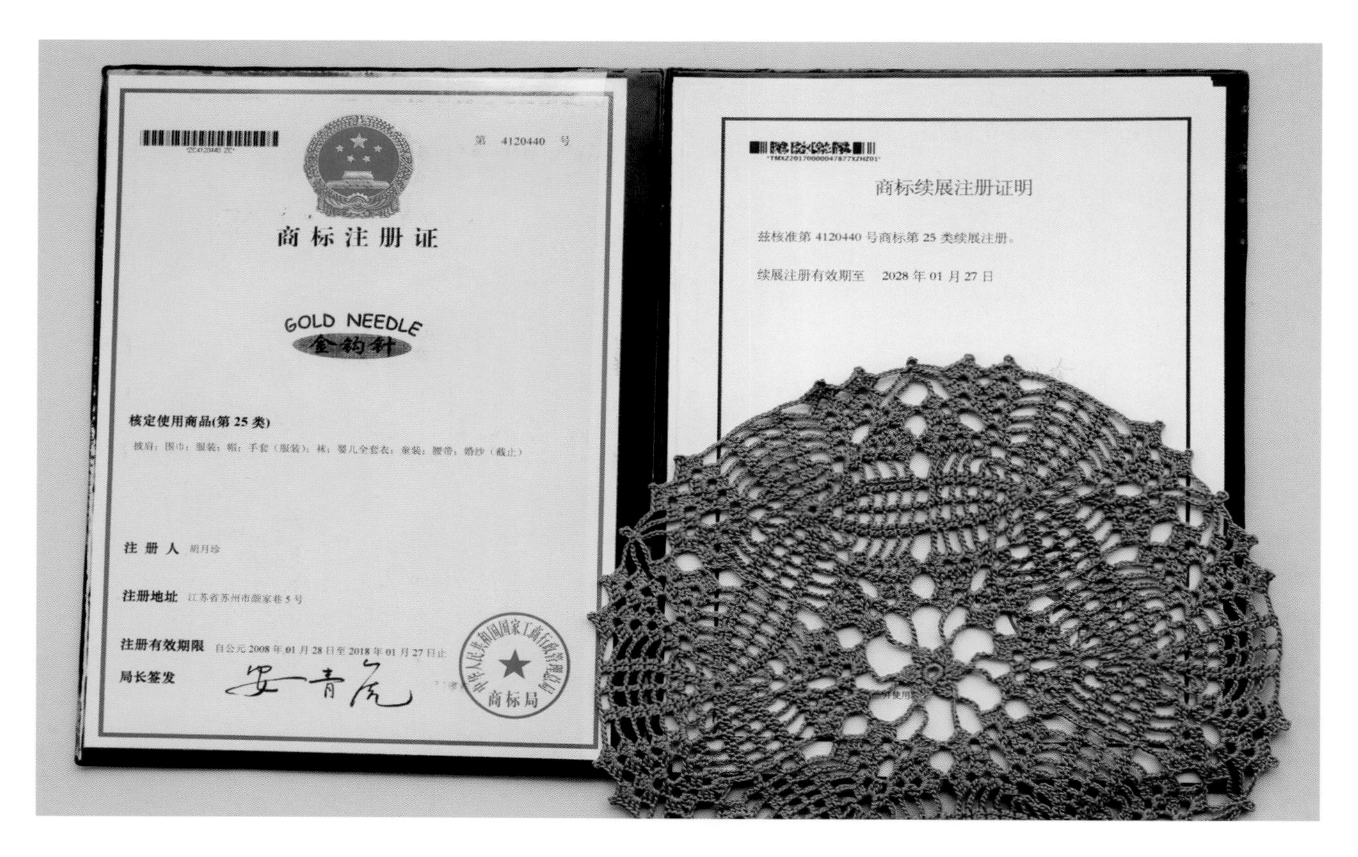
第 4120440 号

商标注册证

GOLD NEEDLE
金钩针

核定使用商品(第 25 类)

披肩；围巾；服装；帽；手套（服装）；袜；婴儿全套衣；童装；腰带；婚纱（截止）

注 册 人 胡月珍

注册地址 江苏省苏州市颜家巷 5 号

注册有效期限 自公元 2008 年 01 月 28 日至 2018 年 01 月 27 日止

局长签发

中华人民共和国国家工商行政管理总局 商标局

商标续展注册证明

兹核准第 4120440 号商标第 25 类续展注册。

续展注册有效期至 2028 年 01 月 27 日

手工编结包括织毛线与钩针编结等多种手工形式。钩针和棒针是女红圈子里的琴与瑟，二者同时使用，是钩与织结合的工艺设计，呈现的效果常常会给我们带来意外的惊喜。我们之所以更偏爱钩针编织而打钩针的牌子，是因为，毛线编织，尽管仍然有其独特的艺术魅力，但再细再繁的花样，现在都有机器可替代了，唯独钩针编织物，浓缩成了没有机器可制出的小众产物。而且，钩针编织变化多端的技法和工艺属性，也决定了要发明这种机器可能确实很难。

我们都知道，手工织毛衣已由各种针织机所替代。与纺织机械相比，中国的针织机械发展相对滞后，因此，手工编织一直占有重要地位，手工编织技艺水平相当之高，尤其是手工钩针编织。随着工具的改进变换，其针法越来越变化多端，且工具简单小巧，携带方便，可随时随地进行编织。心灵手巧、技艺熟练便可编织出机器无法操作的极其复杂的织物来，花样百出，就像万花筒，一转一花样，让人眼花缭乱。

伴随着人类的生活，编织经历了从粗糙到细致的漫长的纯手工编织时代，逐步发展到人机结合时代的经纬织造，到跨进纺织工业时代，在中国有着很长的历史。而从纺织工业时代进入电子信息化时代，才数十年，便已然让原本织造工艺纷繁复杂、生产周期超长、织物精美绝伦、价格昂贵的诸如缂丝、宋锦、刺绣等，几乎一夜之间，都找到了可替代的机器，由计算机编程、排版，全自动控制织机，无人操作系统等。当然，再现代的编织都是由手工编织逐步演变而来，这一点毋庸置疑。唯有钩针编织，跟随着社会发展，紧贴着人的生活，却至今无机器可替代。难道是钩针针法工艺的复杂性和编织花样的变化多端，让编程精英们望而却步？正是这个无机器可替代的纯手工工艺制作，不但没从人们的视野中消失，反而越发受到市场追捧，这是不无道理的。

所以说，这门有着广阔市场前景却至今无法用机器替代的纯手工钩针艺术，其纷繁复杂的钩织技艺和针法技巧的传授、传承，已迫在眉睫。而用文字书写、记录，并配以图解，整理付梓，无疑是传承教学的最好方式之一。

解码钩针编织身世之谜

这门传统钩针编织技艺在中国通常叫作“钩针编织”“钩针”或者“钩编”。在苏州，在钩针编织的圈子里，大家习惯称之为“钩针编织”“钩针花”或“钩花”，钩好的衣服叫“钩针衫”。面对一款编织时装的图片，想效仿一个新花样，苏州人都是这样问的：“这个花样是钩的还是结的？”钩的，是用一枚钩针；结的，是用两根以上棒针。

在法国、意大利、西班牙有一个词叫作“crochet”。crochet作名词用时，解释为钩针编织，钩针织物；作动词用时，解释为做钩针编织活。法文hook一词和英文中的hook这个词，都解释为“钩”“钩状物”，也可以作动词，解释为“用钩钩住”。编织的钩针，就叫“crochet hook”。在荷兰、比利时等国家，也都有各种不同的叫法，但解释是一样的，都有个钩字。

钩针编织属于“女红”范畴，现在的学生和年轻人把这样的手工制作称之为DIY。DIY，是Do It Yourself的英文缩写。兴起于近两年，并逐渐成为一种潮流。DIY的意思，就是自己动手，每个人都可以自己动手做，也是量体裁衣、私人定制。利用DIY做出来的物品自有一份独树一帜的自在与自由舒适在里面。可以从中获得的成就感，无价。

那么，钩针及钩针编织的历史渊源，它的前世今生、来龙去脉，历来众说纷纭，有着不同的版本。就我所知就有好几种说法。

美国钩针编织专家和世界旅行家Anne Potter考证认为，当代钩针编织艺术起源于16世纪。1916年研究者在拜访圭亚那印第安人的后裔时，首次发现了镂空的钩针编织实物。丹麦的一位研究人员认为，钩针编织起源于阿拉伯，而后向东传

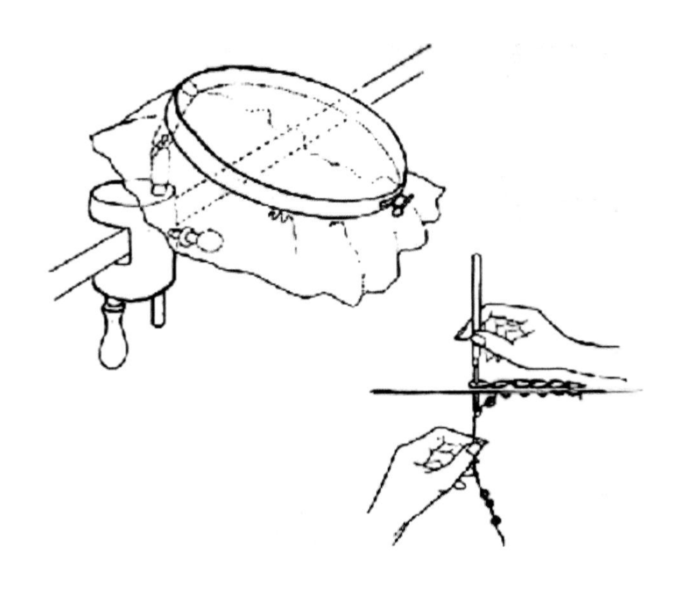

到中国西藏，向西流传到了西班牙，并且沿阿拉伯人的贸易路线传播到地中海国家。

另有说法，最早的钩针编织来自南美洲一个原始种族，是用于思春期仪式的装饰品。还有专家说，有很多关于钩针编织的更古老的说法是它出现于16世纪的意大利，由修女在教堂里制作，并用于做“修女的饰带”。在一些研究调查中，有很多关于钩针编织作品与花边式样的实例，其中很多保存完好。

还有专家对于钩针编织的研究表明，钩针编织可能源自中国男耕女织时期女人们的针线活儿，或者是土耳其、印度、波斯和非洲北部很著名的刺绣品衍生出来的手工活儿。早期的这种技术操作过程是首先将一块织物拉紧在一个框架上，在织物的下面拿着线，一只带有钩子的针向下插入，将织物下面的线钩拉到织物上面，从而形成一个线环，当线环仍然在钩上时，将钩子稍稍挪动位置，再次重复前面的插拉操作，使这个线环与前一个线环套在一起，形成一个链形线迹，沿着一定的走向，形成花纹。一开始，由于钩针像缝纫针一样细，因此需要使用非常好的线，钩织物也非常之精细，需要耗费大量的时间。像我们儿时都拿着圆形的小绷架做过的呢。

手工活儿的进步演化，有时是自然而然的，所谓熟能生巧。到了18世纪末，人们发现这种编织技艺可以慢慢演变其钩编技法，就是去掉布料织物，直接用线进行编织，这就是当时被人所称的“空中的编织”。这种更容易上手的钩针编织技艺，迅速被更多人所接受，也就是流传至今的钩针编织技艺的“胚胎”。发展到后来，可以把梭结花边花型转变成钩针编织，并且这些钩针编织花边可以很容易地被更多的人所复制。后来就有人发明了“像花边饰带一样的”钩针编织蕾丝花边，也就是今天要玩钩针编织的高手才能掌控的、有立体感的“爱尔兰钩花”，有立体感，很有张力，花纹可任意摆布。而在中国，钩针编织更多的是糅进了东方审美的视觉感受和实用的钩织习惯，花纹衣饰更趋平和精致。

钩针编织远在19世纪早期，在欧洲由莫尔女士推广流传，把梭结花边花型转变成钩针编织，她的这些钩针编织花边可以很容易地被人所效仿。她还出版了许多钩针花边式样的书籍，以便数以百万计的女人可以模仿复制她的作品。莫尔也宣称她发明了“像饰带一样的”钩针编织花边，也就是今天我们所说的“对称花作不对称组合的钩针编织”。

我们再看看关于钩针编织起源流量最大的解释：研究钩针编织起源的某些理论认为钩针编织

来自阿拉伯半岛、南美洲，或是中国，但目前没有具体的考古证据证明钩针编织到底源自上面哪一个地区，以及钩针编织产生的时间。透过文献了解，最早的钩针编织可能是根本没有钩针而使用手指的。以至于没有人工工具留下来的痕迹，故很难考据其确切的历史。

有些作家以有些手指编织的图片推测钩针编织的历史必定相当悠久，作家们认为，编结、钩织这些方法，都是非常早期的编织方法之一。许多声称是早期的钩针编织，但考据后其实是混合了棒针编织法与钩针编织法的古老织法。现实是手工编织爱好者的工具收纳盒里，钩针与棒针是“友好睦邻”，必须互存互用的。

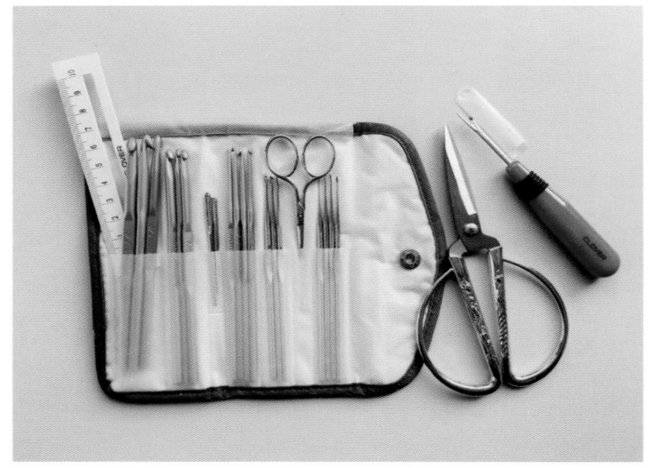

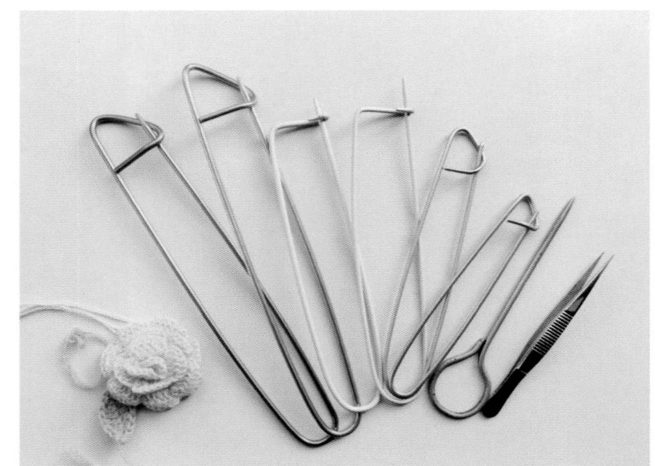

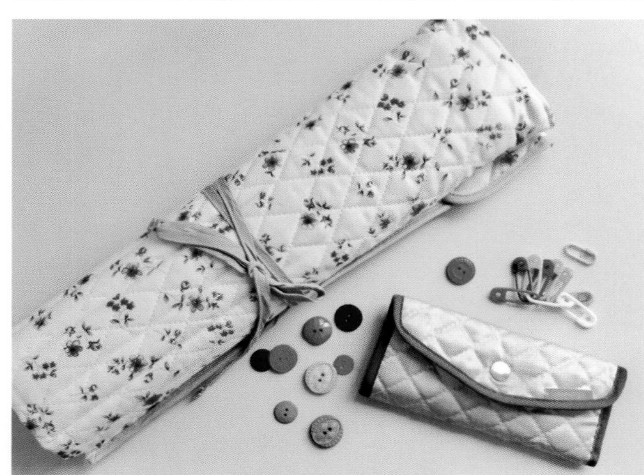

CLOVER

19世纪，钩针编织逐渐普及，多数人是将钩针编织用来补破掉的蕾丝、丝袜，是一个较节省的方案。因此以螺纹棉花线织成的蕾丝价格也受到影响而下降，导致后期扁平状、以钩针编织法做成的蕾丝，比圆状的更为普及。至于钩针针头，最早是一支弯曲的针，被钉在木制把柄上，可见到早期爱尔兰蕾丝工人多用这种粗制的钩针。最昂贵的钩针，针头可能是银制、黄铜制或是象牙、钢、骨头等，把柄也雕有许多精致的花纹，多为上流社会的夫人们使用，并被视为装饰手部的一部分。1840年，第一本钩针编织法的书籍在英国出版，从书上看来，早期的钩针编织花样着重于生动的配色，以及线材与织品的搭配，例如棉花和螺纹亚麻质料的线材，最好拿来做蕾丝。而羊毛毛线，最好拿来做衣物。

钩针和钩针编织的早期发展可说是家庭手工业兴旺时期的重要推手，特别是在爱尔兰与法国北部某些传统农耕或畜牧产业被战争、土地变更改变的地区。另外也跟中产阶级的兴起息息相关，他们是家庭手工钩针编织的大买家之一，加上钩针编织易学易上手，在任何地方只要有针跟线就可以开始工作的特性，也使得它越来越普及，购买爱尔兰生产的钩针编织蕾丝品和自学蕾丝编织逐渐盛行起来，最早的爱尔兰蕾丝编织法传到法国之后，花样就变得更为丰富。书中的蕾丝钩针编织花样中，就有更多的片盘状蕾丝花样，进而发展到用羊毛毛线来编织衣物的立体构成和花样。早期钩针编织的发展在1840年之后形成了复杂且丰富的时期，不仅线料种类繁复，花样也层出不穷，维多利亚蕾丝作品也成为当今钩针编织物收藏家的喜好之一。

钩针编织与时尚流行逐渐融为一体，到19世纪20年代，钩织蕾丝更为复杂，纹理和立体衣着的构成也更为华丽，这一时期被称为新爱德华时期，其特色就是将维多利亚形式的蕾丝颜色变淡，转为以白色为主。至今，白色在钩针编织王国中的地位仍然坚不可摧，仍有相当多的螺形花纹。1911年杂志上的爱尔兰钩针编织包包图片，维多利亚时的花俏颜色和缤纷的组成，变成在小钱包、串饰上，或是需要搭配亮彩度丝绸的时候才会出现。到20世纪40年代末期，钩针编织教学又重新流行起来，变成家庭手工艺热门的主角，特别是许多新的花色，有想象力的构成，将钩针编织与流行式样的结合，促成许多钩针编织书籍的出版，教导有兴趣学习的人们，如何编织花样多端、五颜六色的小块钩针织品，再组成披肩、长裙、桌布、窗帘等等织品。很有意思的是，工技越

是严苛，技艺越是精湛，越是高难度的手工编织，越有其独特的魅力，也让比利时的佛兰德手编蕾丝花边再度复兴，那些业内专职人士甚至说，是具有独特经贸地位的“布鲁塞尔花边”才让比利时闻名于世。

20世纪60年代在中国可说是钩针编织的一个高潮。在20世纪70年代初期，钩针针法所涉的花样似乎已经发展到新的高度，逐渐稳定成今日普遍的编织手法，除了被称为“祖母方”的小方块拼织花片外，还有圆形、六角或八角拼织，一线连小梅花，规则与不规则形状，与双色或多色镶拼钩针编织等多种呈现形式，只要掌握了基本技能，就像万花筒一样，可以“手转一下见一个花样”，花样款式，无限拓展。

20世纪五六十年代我们没有网络、没有电视，媒体渠道只有报纸和广播，期望发现钩针编

织在中国、在苏州的痕迹，感觉像大海捞针一般。几番努力仍一无所获。钩针编织只保存在一代代当事人的记忆中。尽管现如今的网络技术日新月异，但对于钩针编织的陈年往事，除了偶尔发现这些只言片语之外，找不到任何权威的文字资料。这道题难道真的是无解了？

要传承钩艺，就要唤醒人们对这门艺术的记忆，否则钩艺再精美，也将永远被封存而失去价值。历史本该是完整的、被时间毫不删减地刻进维度空间的，而探索历史，往往注定会残缺不全，因为我已不拥有当时的时间。有时候也会遐想：也许答案就在档案馆旮旯被搁置于底层的那个陈旧发黄的文件袋内，或者在库房货架上积满灰尘的合订本中一篇不起眼的文章里，它在人们寻找的视线之外……

不想让这个谜题如与我无关似的流传下去。与其苦苦地寻找，被动地等待，不如积极地做点什么。

当然，能阅读到的各种说法都有它一定的道理，不是凭空而论。阅读历史，对照实践，我们也有自己的认知和自己的思考。

在我看来，钩针编织不仅是手工技艺与美的高度契合，而且是历史变迁和人情温度的凝聚。经过几十年的钩针编织的实践和探索，循着“工欲善其事，必先利其器”这个道理，我和伙伴们也经常会说到钩针由来的话题，总觉得钩针的发明应当是从我们平时经常做的并不起眼的“打结”的这个简单动作中，受到启发，是手工钩编的实践需求，才让劳动实践者有了发明钩针的灵感，将一根针的针尖头弯成钩子来替代手指头的反复弯曲带线，是最终形成今天用钩针编织的原始动因。钩针编织需要称手的钩针，做钩针需要工具，这工具需要做工具的工具或机器机械……我们的这个想法受到众多钩针实践者的认可，他们觉得这个说法比较合乎情理，可以说得通。是工具、工艺和工匠在生活生产的实践中轮番地、连绵不断将钩针编织的最终结果一步步推向进步。

这是只有深谙钩艺之道者从钩针编织的实践中才能悟出的。首先，前人发明钩针最初的灵感应该是来自打绳结，打结，有打“活结”还是打“死结”之分。一个最基础的“活结”就是绳子绕了个圈子后，右手食指的顶端一节关节弯曲着，从圈子

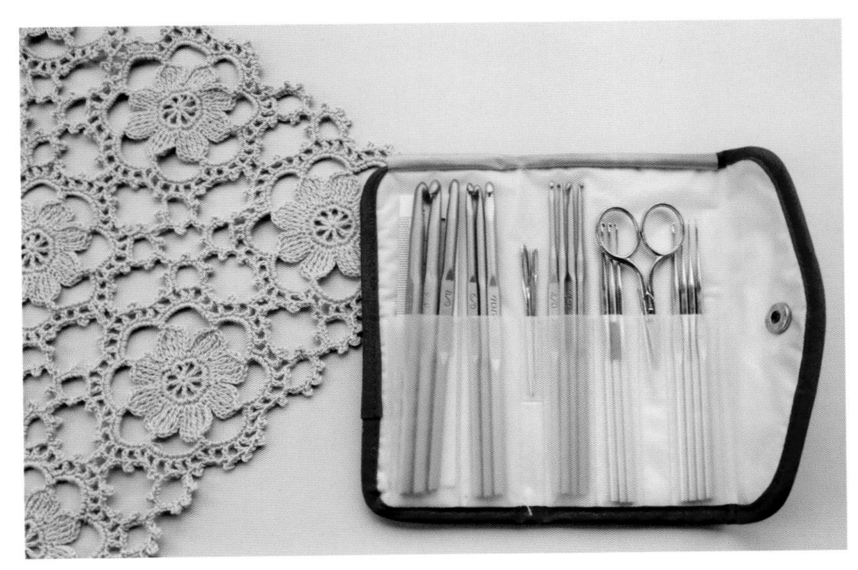

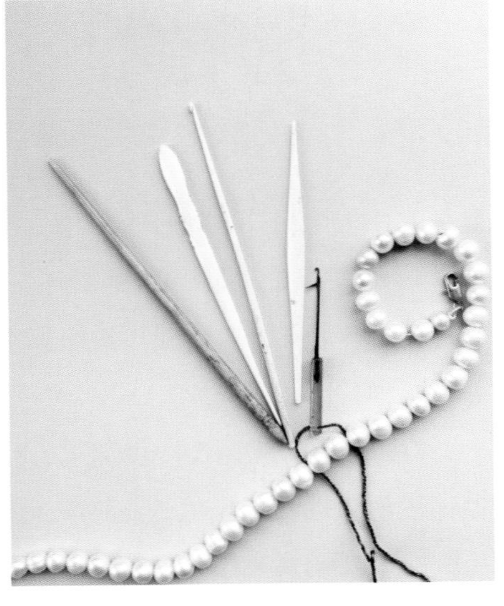

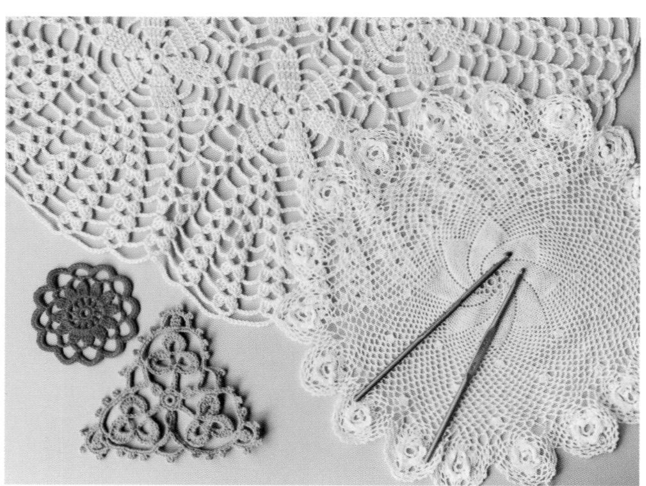

里把左手上的另一端绳子钩出来，拉一个环，再从这个环重复上个动作，不断循环。右手食指的动作和钩针、绳子走向原理与钩织第一针的起针，都一模一样！

打绳结？不就是在一段绳子上打个结，或将两根绳子的顶端打个结以连接吗？

在今天看来如此简单的打绳结，它的历史却可以追溯到远古时代。“上古结绳而治，后世圣人易之以书契。”（《易·系辞下》）生活在现代社会的我们或许难以想象，在文字产生之前，我们的祖先在生产和生活中为了帮助记忆，发明了以树皮、苎麻等植物纤维，搓绳打结来进行记事的办法，结网捕鱼，这就是最原始的手工编织吧。生产劳动中通常采用打绳结的方法来记录来表示，大

事打大结，小事打小结。随着生活生产活动的不断发展，结绳记事的形式也越来越复杂，绳子粗细异彩，结扣各式各样。

即使在文字产生之后，原始的打绳结非但没有消失，作为人类特有的手工编织文化的形式之一，随手而来的手工打绳结仍然以其直观好记和与生活的密切关系，以其超强的实用性和工艺装饰性而延绵至今，并得到了更广泛的开发利用。民间流传的绳结更是花样十分繁复，女红系列的针线活儿、中式服装上的纽头纽襻、喜气洋洋的中国结、日用编结用具、室内工艺装饰、生产劳动中的物件吊运等等，绳结无处不在。钩针编织也是，无处不在。

总之，有人说关于钩针编织的技艺可能有多老，或它究竟来自哪里，虽然没有真正使人信服的证据，但很多关于钩针编织的研究调查中，有很多关于钩针编织制作与花边式样的实例，其中很多保存完好。多数研究者认为钩针编织最有可能源自中国的针线活儿，或者是土耳其、印度、波斯和非洲北部很著名的刺绣品或手编蕾丝。因为从工艺操作的技巧手法上讲，它们是互相需要的，工艺相互融会贯通，真的难以绝对分开。

如此说法种种，不一而足。

我们知道，纺织、丝绸、刺绣，各种女红编织和织造，都能够通过一次次考古发现的实物、文史档案记载或各种绘画表现来追溯到它的起源与发展。苏州更是丝绸历史悠久的地区，但是钩针编织的历史渊源，虽然各有各的说法，但有一个说法是众口一词：至今没有人曾经真正论证钩针编织的确切起源，更没有考古实物可供探究。钩针编织技艺在中国最早起源，究其历史，没有现成的资料可考。

衣食住行，是人生存的基本需求，“耕而食，织而衣”。

男耕女织，是自古以来劳作活动的自然分工，“女织”伴随着人类的生活、历史的变迁，成了社会的沿革。中国自古“男耕女织”，这“织”多数理解是织布吧？那么问题又来了，有织物研究专家撰文认为，纺织的前身是手工编结，织物是编结技术的产物。《仓颉篇》：“编，织也。”《说文·系部》：“编，交织也。”可见，编和织的原理是相通的。最原始的织造技术起源于手工编织，从原始的粗疏状态，发展到较高的编织技巧。从手工编制筐席，进一步发展到编织织物。先民们发明了用手搓捻制作加工成线和绳子的技术：搓绳捻线。用两手掌互搓，是粗的，如绳子之类；用手指，母指食指互捻，是细的，如毛线、棉线。原料也从灌木树皮、芦苇、竹篾，发展到麻类植物纤维和自然精细的蚕丝、棉花、羊毛。单从这个角度说，手工编织的历史起码要早于半机织时代。

编织与织，手工与机织半机织，就是时而犬牙交错，时而齐头并进，伴随着人类生活的脚步，在演化。在古代，“织”为布帛之总称。“纺绩织纴”是专属妇女的生产劳动，其中，绩专指绩麻，而纺多半指的是纺丝，织指的是手工编织或半机动织，其中，自然包含了高超的手工钩针编织技艺和精湛的绘图艺技水平，以及与之相互促进、融合的手工锁边与绕线针绣籽等等工艺针法。1956年苏州虎丘云岩寺塔进行修缮，在塔的第三层发现了一批丝棉织物，有锦、绫、绸、缎、纱、棉等，还有五代吴越国时的印花绸、绣花经袱等。1957年7月14日，《新苏州报》曾经刊载过一篇题为《谈谈苏州织造府织制的龙袍》。在天赐庄望星桥附近的蒋西林先生家里发现清代苏州织造府制作的龙袍朝服十件。至少可以佐证，以至于苏州城内，“居民大半工技”（《古今图书集成·考工典·织工部》）一说。

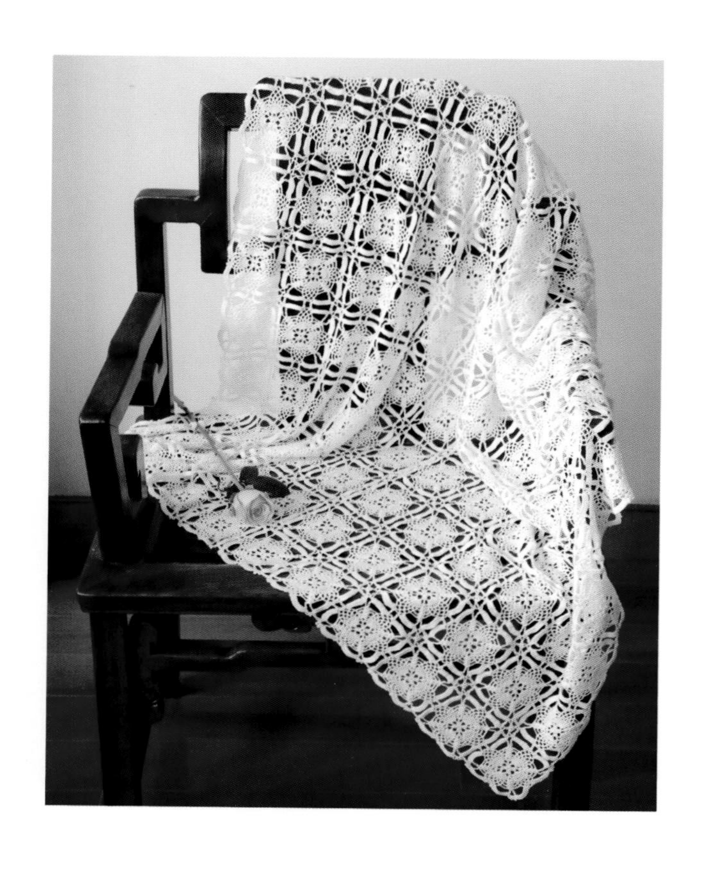

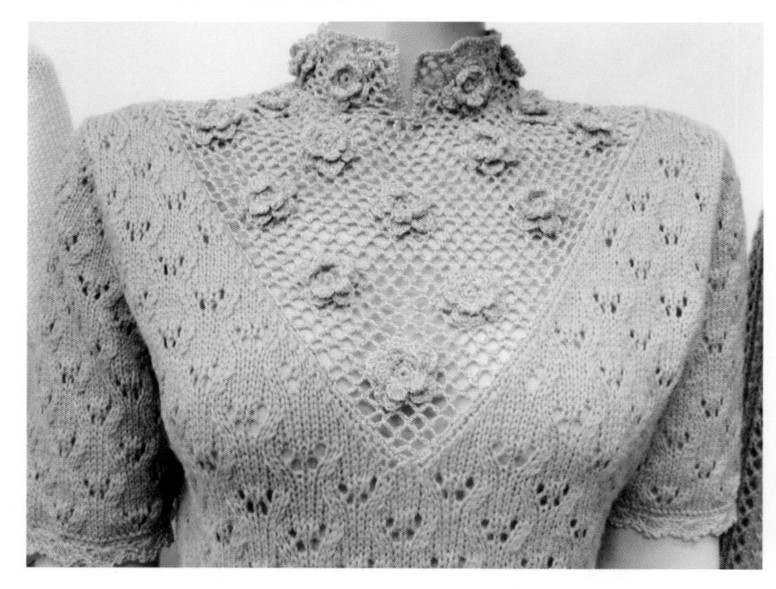

日月轮回，世事更新，针针线线编织起了苏州人的丽服，更柔缠了苏州人的优雅生活，钩针编织理应不会缺席。那么，所有这些手工编织是否都含有钩针编织？关于钩针及用钩针来编织的技艺，要究其历史，起码需要具备这些前提条件：既是钩针编织高手、熟悉业务操作流程，又要进行专业研究并有意识用文字来进行记录的“庖丁”，起码要有钩针编织的行业代表人物传记，我们今天才有“找”其历史渊源的可能。有吗？

“详细记录苏州钩针编织历史的白纸黑字在哪里？”带着问号，去请教了专门研究苏州民间手工艺的诸位老师，回答很干脆，“没有”。在市图书馆翻看了几个上午，苏州刺绣、玉器、红木雕刻啥的都有可寻的记录，钩针编织的资料真的没有。好朋友沈老师见我心有不甘，说：“真的没有，只言片语都没有。”苏州地界上从事民间文化艺术研究的专家朋友都在帮着我一起找。

探究历史、探索未知，有时真的很艰难，却充

满了挑战和诱惑。在现代键盘上查寻“古代”，你要摁下倒退键，不停地倒退，穿越时空，进入过去。去追踪钩针编织的足迹，已然成了一种执念。

既然寻找钩针编织的老祖宗太难了，难以知道钩针编织的确切起源，那么，有人说钩针编织是舶来品，最早的发源地并不在中国的这个说法，也是没有证据支撑的。再说了，即使是舶来品，一旦出现在苏州，身怀绝技的苏州人也总能提高织物的技艺和艺术含量，将其工艺推向青蓝之胜的境地，这与苏州长期以来累积而成的自信、包容、积极进取的先进文化品性有关。

所以，不用纠缠于此，我们不妨循着钩针编织在苏州的足迹，找一找钩针编织的“宗族家谱”留下的印记。

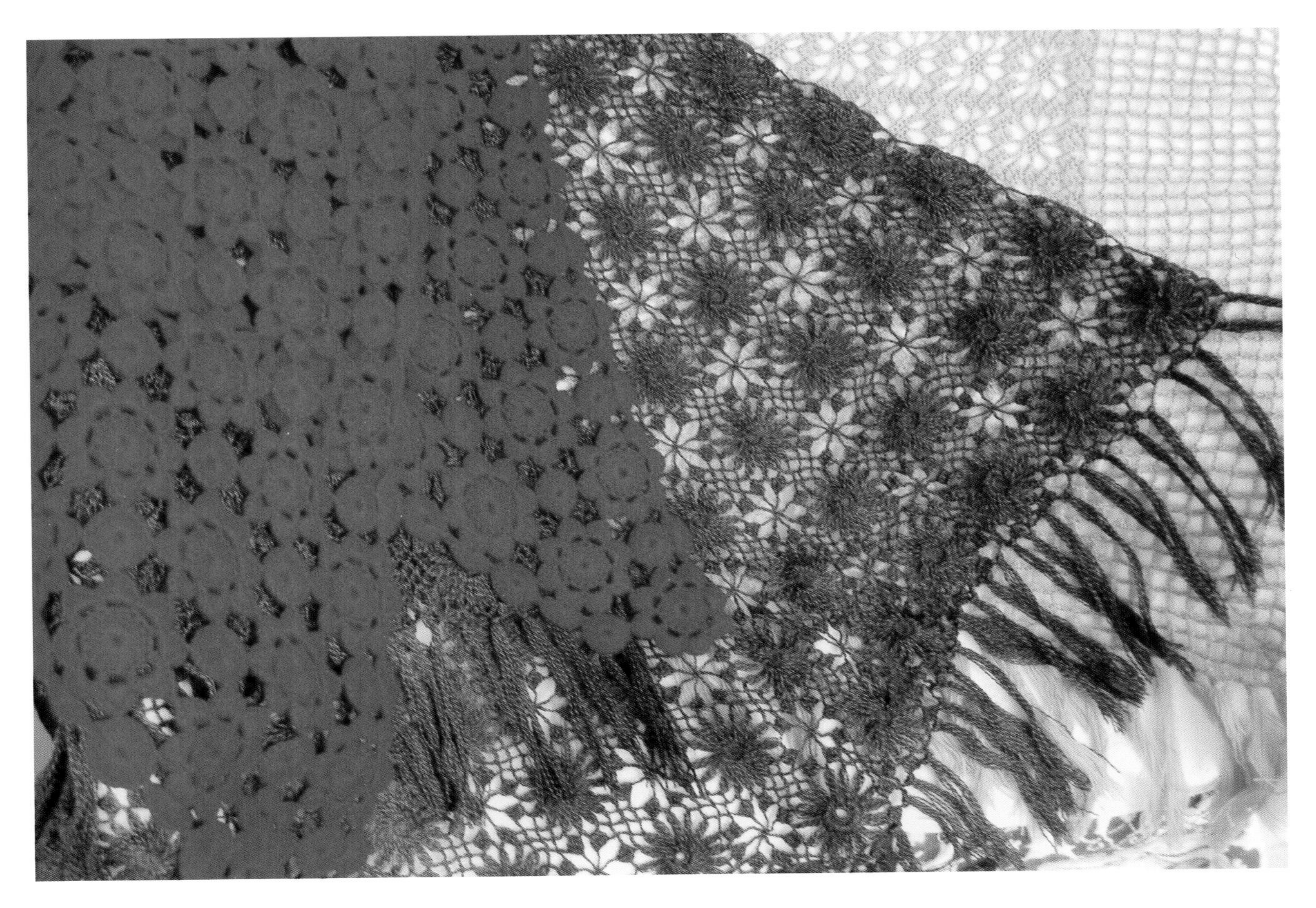

钩针编织的天时地利人和

记录钩针编织的史料当然不会是空白的。钩针技艺传入中国并盛行于苏州民间，这门从未从苏州人的日常生活中离开过的“伴手活”，并不是每个人必学必修之技能，而是喜欢手工者的工艺“嗜好”，终究会在人们的生活中留下踪迹。事实上，做钩针的以女人为主，在忙忙碌碌的生活中，她们只顾着风雨兼程，只顾着生儿育女操持家务，没有发出更多的市场信号……因此，没有文字的记录也并不奇怪。而且这也丝毫不影响现在的人们喜欢它的热情，不妨碍钩针编织的生存、传承。

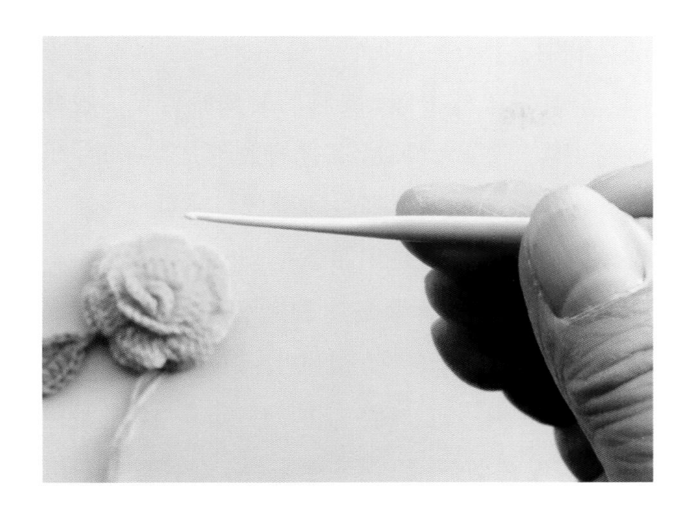

我们不妨先来探寻一下，是否有可以看得见摸得着的与钩针编织有关的蛛丝马迹，来看看那些有案可稽的事实吧。

缠裹小脚、未能进私塾读书的外婆张银凤，其实是我学钩针编织的启蒙老师。

案头放老物件的盒子里存有三枚象牙钩针和一枚缝针，有带“开关”的是手摇洋袜筒机淘汰下来的圆头铁钩针，有竹削的钩针和缝针，有木质钩针，还有铜质的、骨质的……从这些钩针材质的不同和造型的变化，钩针编织的进化历程似乎可见一斑。其中象牙钩针是外婆给的，“资格”最老。我对钩针编织最初的概念也多来自外婆。

出生于1904年的外婆是典型的苏州家庭主妇。小时候跟外婆睡，洗脚的时候我看见了她缠过的小脚，除了大脚趾，其他脚趾都是弯曲的，小脚趾甚至被弯曲到了脚心的位置！“哦！天哪！”曾经以为裹小脚就是用布条把脚紧紧包裹住，不让它长大，却不知竟是连脚趾骨头一起弯过来的啊！顿时觉得自己的脚也生疼！这真的是“小脚一双，眼泪一缸”啊！赶忙问外婆：“倷走路阿痛？”“现在勿痛哉。”对她来说，好像已经习以为常了。早晨醒来，最欢喜看外婆用滴滑的常州篦箕蘸着刨花水，梳个发髻置于脑后。她一边将掉下的几根头发绕在手指上，放进盒子里，一边说：“掉在地上的头发，要拾起来，不能踏在脚底下，因为头发是长在人身子最顶上的……”每天一定要梳好发髻、盥洗停当，她才开始里里外外打理家务，“缝补浆洗买汏烧”。每年，到什么节气买点啥，吃点啥，怎么过，她都会张罗得妥妥帖帖。

1969年的冬天滴水成冰！父亲从苏州电信局

被下放到苏北响水的一个生产队落户，他将我的已经六十多岁的外婆也带着，说是“要苦，苦在一起”。三天三夜水路，离船上岸，举目黄土，举目无亲，烂泥房子，一日三餐主食是山芋干、玉米糊，大米、白面难得一见，逢年过节才给配几两油……外婆说这个地方这么苦，这个日子是“过得倒转去哉”，在苏州从小过到老都没有这么苦过。她不想给小辈增加负担，决定独自回苏州生活。我父亲每月寄15元生活费给她，她一个人在家门口摆个蜜饯零食小摊。临行前，外婆把我拉到跟

前对我说："生活再苦再累也要坚持，就是屋面上的瓦爿也有翻身日脚格！"那时年轻，刚刚开始体力劳动，干活还争先恐后不怕苦累。在繁重的农活之余，下雨天不出工时，我会拿出外婆给的象牙钩针，钩珠珠花晴纶围巾，钩手套啥的。最开心的是遇上阴雨连绵的日子，能三五同学聚在一起，边手里钩着结着围巾帽子啥的，边喝茶聊天，最好再来点苏州带来的小零食，可以忘掉劳累，驱逐寂寞。此情此景，在那个物质和精神双重匮乏的年代，那就是老天请客的惬意了，有充足的时间编织，给自己添置保暖用品，也学着用酒红色毛线钩了一顶外婆款的帽子。

冬天，外婆戴的一顶藏青色的绒线帽子，钩的是"蜜枣针"。针针一样，粒粒饱满，很是厚实，侧面还钩了一朵立体花。这顶帽子放到现在，也是为时不过的。所以在我眼里，外婆几乎无所不能。只是生不逢时的她，在该读书的年龄，女孩是不让去上学的。她常常跑去私塾门外听课，想识点字，会写自己的名字。她心算特别好，懂礼仪礼节，注重生活细节，会跟我讲女孩做人做事的种种规矩。但幼年时的我并不理会这些，还将她在我八九岁时给的几根象牙钩针带到学校当七彩游戏棒玩。当时小手捏了一把，有好几根钩针和梳头时挑头路用的红色骨簪。有同学喜欢就送一根，直到七彩游戏棒玩不起来了，只留有三根。而这三根也未能全部保存至今，其中一根不慎掉在地砖上，一跌三段；还有一根柄上有花纹的，晚上用过顺手放在枕头底下，早上起来忘了，手一撑，只听"啪"的一声，压断了，心痛了好几天。

现在做钩针，材质方面有更多的选择，有木质的、竹子的、塑料的、不锈钢的、合金材料的，更轻便更称手。"工欲善其事，必先利其器"，工具的重要性，只有用的人知道，称手好用的工具会与人的心灵相呼应的。现在我手头使用的日本"可乐"钩针，从粗到细，金的、银的一套共17枚，还有迷你剪刀、经炙火针眼的缝针、针数换算方尺、记号扣等辅助工具，一应俱全，用起来得心应手。外婆的象牙钩针成了古董，似乎更珍贵了。时代发展到如今，手工钩针编织依然具有一定的普及性，虽然时尚产业的针织纺织品绝大多数已变成电脑排版、机器编织的作品，但对手工钩针编织而言，由于钩针工具的不断进步完善，加上线品的更加丰富多彩和款式的毫无束缚，手工钩针编织无疑也是向新科技迈进了一大步。

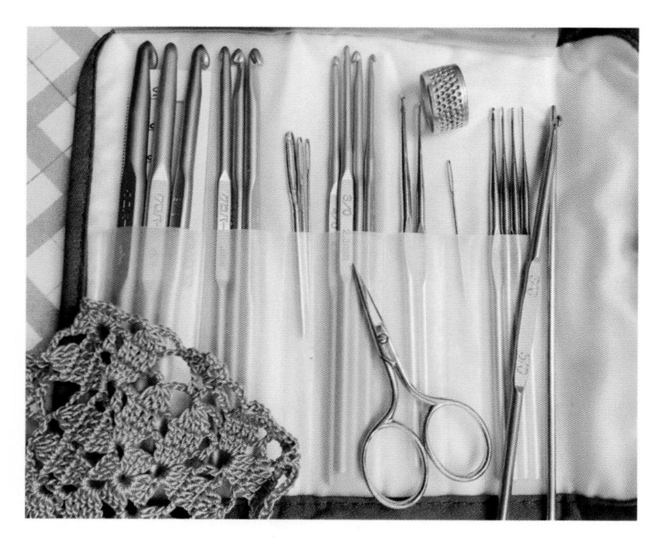

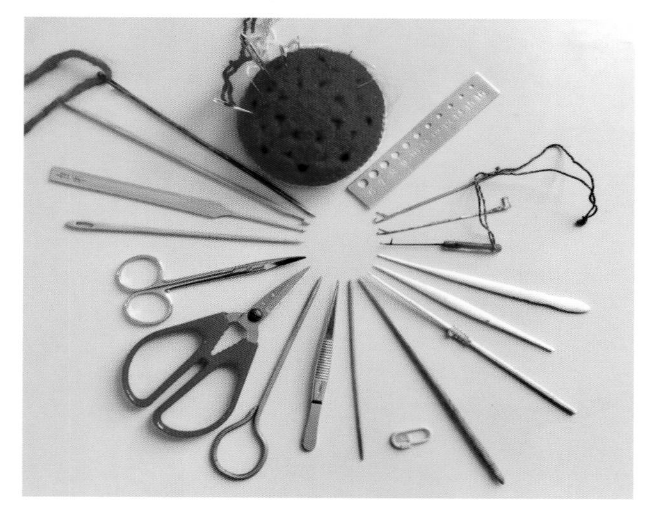

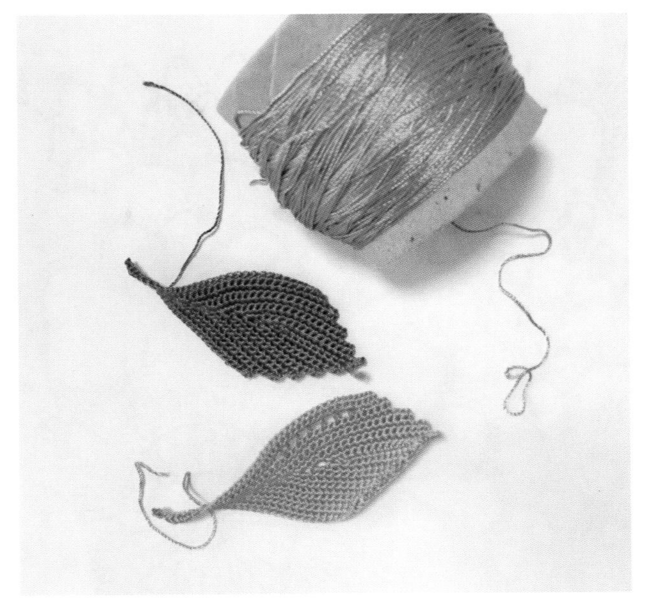

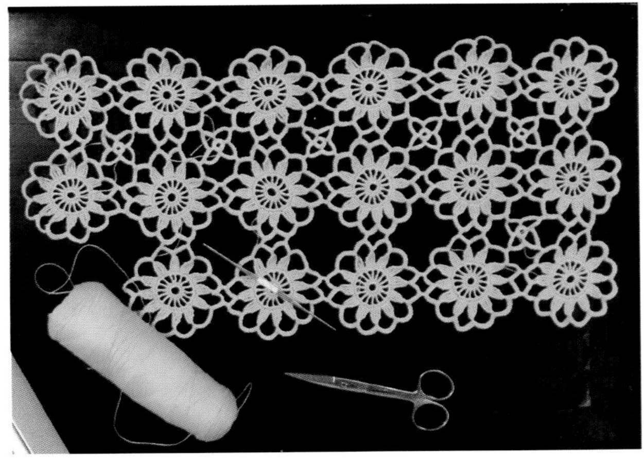

钩针编织技艺是常常伴随在生活细节之中的女红，想象中，古时那些“笑不露齿、行不露足”的女子，在家除了研习琴棋书画、操持家务，钩针编织这类女红活计，当是她们必备之技能吧，有人称之为“闺阁女红”。外婆留下的象牙钩针、锃亮的顶针箍、红漆绕线板、铜质刮浆刀……无不在述说着那时女人们的生活情景。翻阅《吴郡岁华纪丽》，发现书中还有苏州人把端午节过成“女红节”的生动描绘：“吴中竞尚丽巧。端午节物，兰闺彩伴，各赌针神，炫异争奇，互相投赠，新制日增。有绣荷囊，绝小，中盛雄黄，名雄黄荷包。以彩绒缠铜钱，为五色符，名袅绒铜钱。又编钱为虎头形，系小儿胸前，以示服猛。择蒜头之不分瓣者，结线网系之，名独囊网蒜，皆系佩于襟带间，云以辟邪。”此番过端午的热闹情景，姑苏民间延续至今，我们儿时都经历过。立夏之前，姑娘家会用粗一点的红丝线，两根两根打结，织就一只蛋网，立夏那天放只咸鸭蛋进去，挂起来迎夏。一只小小的蛋网，我用小梭子织过，用手指头打结织网编过，用钩针钩过。钩针能钩的蛋网，花样更多，更好看。钩针编织技艺真像万花筒，可以一钩一个样。

最早从外婆家看到的是一只“谷子针”的钢

笔套，说是钩给当律师的外公的，因为那时穿长衫，没口袋别钢笔。外婆说，她用的象牙钩针是她的母亲传给她的。她小辰光学钩针，是每个礼拜天跟着母亲去教会学堂学的。教会学堂除了教识字、唱歌，还教钩针编织。外婆母亲为了鼓励她学习，还煮了热乎乎的白焐蛋让她带上。这个说法，后来得到了我的好多朋友和一些钩针爱好者的印证：他们的妈妈或者妈妈的妈妈，钩针编织技艺都是那会儿在教会学堂学会的，她们学会了还会再教给小伙伴。

再后来，外婆三十多岁时，去学结样子更新颖的小孩子的绒线衫，钩汤婆子套、各种帽子等，是与亲朋好友们结伴进城，到小公园的国货公司编织柜台学的。在那里，只要你买了绒线，怎么结、怎么钩，都是包教会的。难怪隔壁供职于人民商场直到退休的上海姆妈一手绒线结得“介好”。

儿时常听大人提起的国货公司，顾名思义，就是专卖国货，就是现今的人民商场。那时我家住在宜多宾巷，后门在马医科，要买东西，迈开脚步去人民商场，只需穿过塔倪巷或九胜巷，几十年不变。

位于北局的苏州国货公司于1934年9月3日正式对外营业，是当时苏浙沪商界所瞩目的中国四大国货公司之一。

当年国货公司四层楼面，有41个商品部，包括百货、食品、绸布等。除了木器在二楼，其余的都在一楼。如果要认认真真逛的话，可逛上半天。二楼有理发厅、茶室、弹子房等。三楼设了一个大会场，可以用来表演时装秀、评弹、沪剧、绍兴戏等。四楼是一个私人商业电台“久大”电台，播放的是娱乐节目和商业广告、气象报告、国医常识等。

国货公司的布匹柜台，会聘请专业的裁剪技师来讲解裁剪知识，指导量体裁衣。这可算是当年最时尚、最高级的私人定制了吧。

最让老苏州们怦然心动的新玩意，就是国货公司开设的一个绒线柜台。绒线，是当时的一个新鲜玩意，让不少姑娘、姆妈们心心念念。怎么结绒线？编织柜台把上海的编织名家鲍国芳大师请了过来，进行现场演示，开班收徒，织毛衣就成了当时社会上的时髦风潮。尤其是年轻的太太们，都以穿毛线衣为时尚。据说，当年鲍国芳开了两个月的编织课，每次都座无虚席、人满为患。当然，如果谁家的姑娘会织一手好毛衣，自然在托媒相亲时，必定会被重点提到。在不少阿婆的记忆中，她们年轻时用来消磨时光的最有情调的事情，就是坐在客厅的藤椅上，听听收音机，钩钩织织；或三两邻居，边钩着织着，边聊着家长里短。

那时的女孩子学会了钩针编织，就钩衣服，钩帽子、围巾、披肩，钩桌饰、沙发套，钩茶具巾、窗帘、阿爹的钢笔套，家里至今保存有五斗橱和百灵台、玻璃台板底下的拼花台布，都是那时钩的。脑子好、出手快的人就像会变戏法一样，钩这些都是小菜一碟。

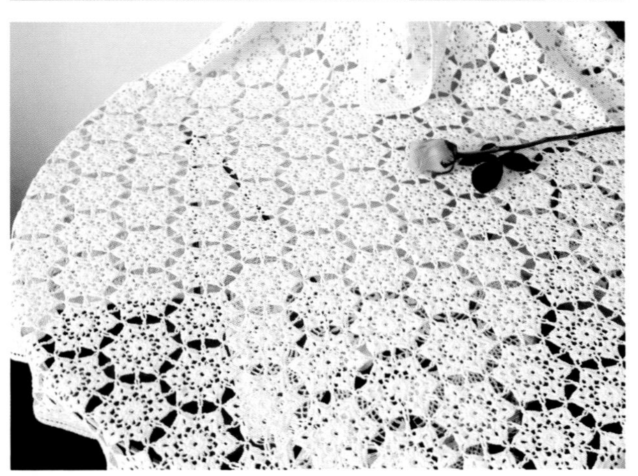

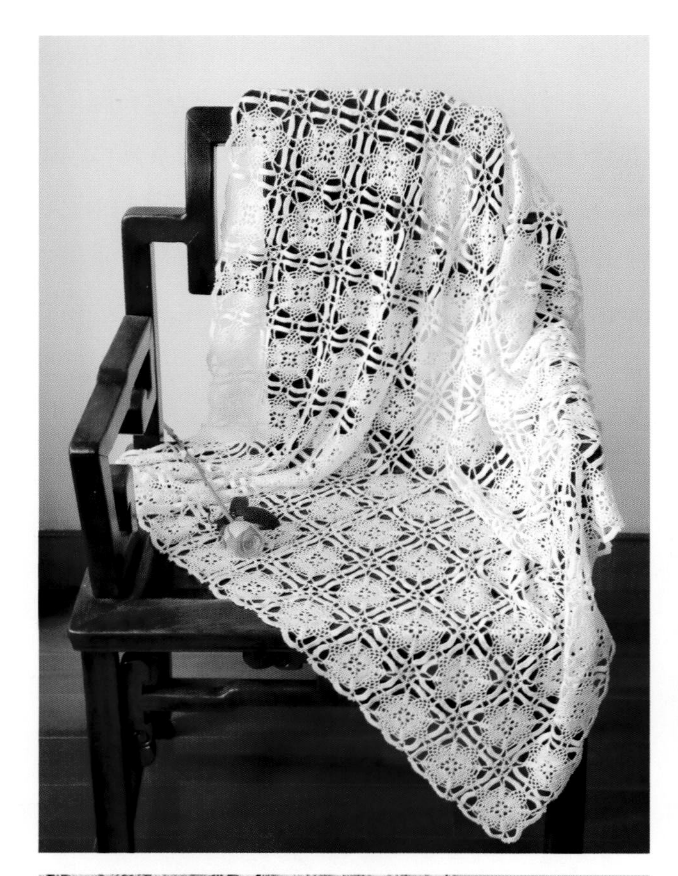

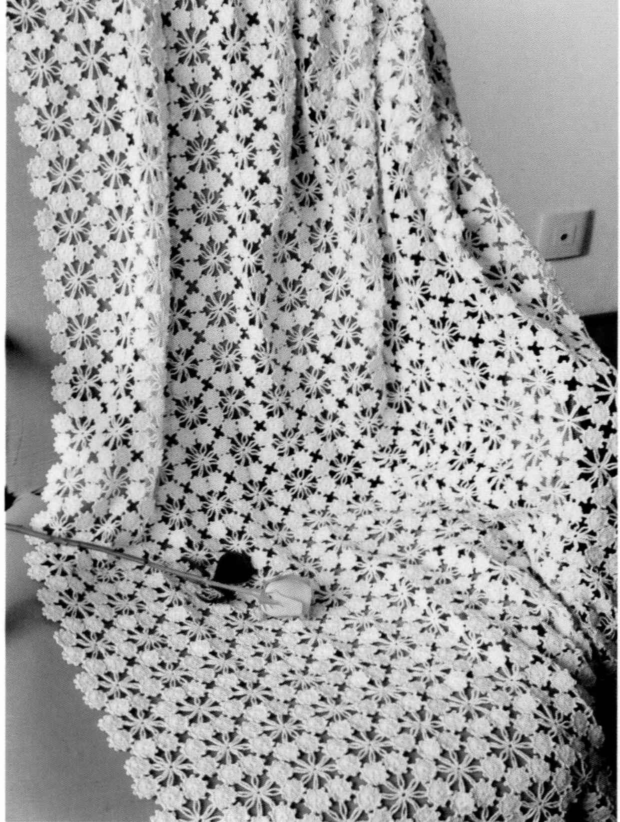

正像外婆曾跟我们姐妹说过的那样，女红是一个女人不可缺少的生活技能，女孩子就是要学点女红功夫的，且不说“求人不如求自己”“自会自便当”“以后过日子要派用场的”。她把钩针传授给我，就是这个意思吧。而生活中，小小针头线脑可将那时拮据的生活缝缀得熨帖密实，可将平常琐碎的日子挑绣得精彩动人、生机勃勃。而那时一个女子的秀与慧、情与意，也往往是借一件件精心炮制的女红作品来欲说还羞，来温暖一家人。

真正让钩针编织在苏州盛极一时的，是20世纪七八十年代，上海电视台反复播放编结大师冯秋萍上的绒线编织和钩针编织课。大家到现在都还清楚地记得，每天都要预先准备好钩针和线，准时坐在电视机前，边看边记边学织，每天必看，一课不缺。

冯秋萍老师

出生于1911年的冯秋萍，是从浙江上虞走出的近代著名编结大师。她与黄培英、鲍国芳等多名编结大师一面潜心钻研编织技艺，一面广泛传授钩针编织技艺。20世纪30年代初期就开办编结学校。冯秋萍在1932年出版的钩针编结专著，不但在上海家喻户晓，在苏州的粉丝也比比皆是。她先是在上海广播电台教授编结技艺，电视的普及，更是让这种原本因许多“过门关节”、编织小技巧用文字和画面都难以表述的、通常是由母女、姐妹、朋友或街坊乡邻，要面对面口授手传示范，心领神会才能学得的钩技要领，才能承袭而来的一门手工艺，很快普及开来。

冯秋萍是我国著名钩针编织艺术家、手工编织教育家，她创作设计了大量造型别致、针法新颖的服饰，出版了三十多本专著，引领了一股有着

独特风格的绒线服饰时尚。她在钩针编织代表作《野菊花时装旗袍》中，运用多种针法将孔雀羽毛的绚丽多彩表现得淋漓尽致。1983年她以钩针编织创作的珍珠帽更是风靡一时，成为当时女孩的“一只顶”。

冯秋萍还通过著书立说来传播手工编织技巧，1936年12月，她出版的《秋萍毛织刺绣编织法》，将自己设计的花形与款式，使用的工具、材料、方法和步骤公之于众。1948年又出版了《秋萍绒线编结法》，收录了她设计的不少经典之作。1949年后她更是连续出版了十余部著作，同时还在一些期刊上发表文章继续推广编结技艺，其影响十分深远。冯秋萍的著述：一类是技法总结，如将绒线刺绣的方法总结为飞形刺绣法、回针刺绣法、纽粒刺绣法等十几种方法，将钩针编织的针法总结为起针、短针、长针、并针、放针等几十种针法；另一类是培养兴趣和点评时尚之作。冯秋萍的文笔一如其编织技艺般优美娴熟，而且观点独到，如“既可增加生产又可免除无谓消遣”，指出了编织毛衣作为一种现代女红的特点和优点，培养了初学者的兴趣；“经济为经，美丽为纬”，指出了毛线衣的美与节俭之间的交互关系；“在电子时代的今日，世界一切的一切，均在科学的摇篮里孕育出更进步的潮流，因此我们的一切亦跟从着时代”，指出了毛线衣也应当遵从流行，与时俱进。这令编织爱好者们大受启发。

偶尔看到一张《苏州街边小贩》照片，是1934年5月著名摄影家孙明经拍摄的。像是木渎灵岩山上山的山路旁边，当地人在兜售木渎藏书一带的车木茶具类的地方工艺品，小茶碗里还盛着茶水。那短发女子穿的是士林布家常旗袍，再仔细看，发现那戴了遮阳帽的女子身上，穿着一件黑色钩针小披肩哎！画面中，人物着装明显的城乡区别、那种买卖之间讨价还价的互动场景，就是我们小时候经常看得到的那种。

孙明经1911年出生于南京。儿时家里就有很多照片，父母也经常带他看很多有趣的照片，激发了他对摄影的浓厚兴趣。

孙明经一生有多次行程超万里的摄影历程。1937年从华东至西北的科考万里拍摄，1938年至1939年的川康科考摄影，1942年至1945年的云、贵、川科考拍摄。一生拍摄了数以万计的照片，大都是高山大川。经历“文革”浩劫，照片仅剩五千余幅。没想到闲翻这些幸存下来的照片，竟然有一张苏州街边动感十足的照片，而且留下了民国时期女孩着装也有“黑珍珠”钩针小披肩搭配的真实记录，非常意外，弥足珍贵。

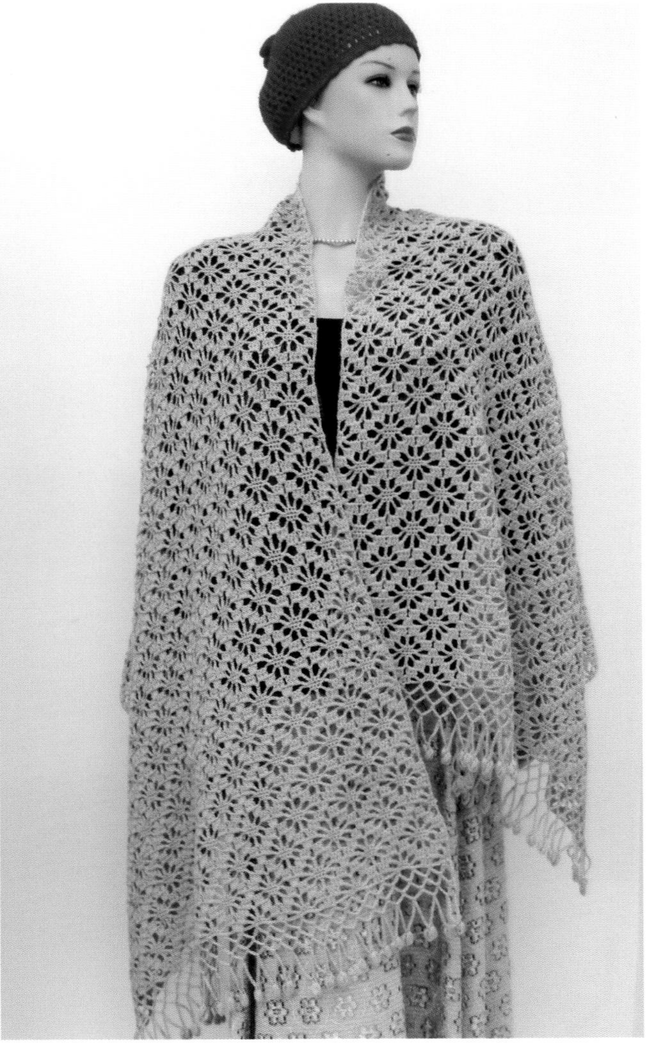

再来看她的妹子宋美龄，1927年12月1日结婚那天，她所戴的钩花礼帽和婚纱披肩就是令人惊艳的爱尔兰风格的钩针花。一顶帽子有十多种张力不同的花样组拼而成，这种繁复费工的钩针织法，也就是现如今让许多编织高手都“又爱又恨”、想开工又怕完不了工的尖端钩艺！当时见报的婚礼照片上，宋美龄身着钩织的白色婚纱，风姿绰约，光彩照人，风头更是一时无两，无疑是唯美的，令无数年轻女子羡慕不已。钩针编织技艺也就此跟着热起来，此后，白色钩花婚纱在上海滩遂广泛流行开来。电视剧《金粉世家》里有过这个镜头。

从家里许多老早的画报资料上都能看到，有着广泛手工编织文化土壤的苏浙沪一带，多有钩针编织流行兴盛的片段记录，不胜枚举。宋氏三姐妹都是穿旗袍的高手，人生选择迥然不同的三人在任何场合无一例外都同样是穿旗袍，给人太深的印象。各种不同场合穿不同面料、不同款式的旗袍，得体大气。而调节冷暖，唯配披肩。以至于，每每我们工作室钩了正紫色或酒红色的羊毛披肩展示在模特儿身上时，进店来的客人都会脱口而出：“喔唷，这款宋庆龄披肩，赞得来！”

再来看宋美龄的婆婆王采玉。她家小圆台上铺着的钩针拼花桌饰，是钩针编织的常规拼花，四边做些流苏。应是出自“精于女红”的她之手吧。王采玉幼承父教，聪明伶俐，精于女红，深得宠爱。

20世纪五六十年代，在苏州老城区，这门传统钩艺被再度流行起来，是出口创汇，十分兴盛，钩针编织品的加工和日常使用非常普遍，做钩针衫和三维立体娃娃等等，曾经是那个时代的人至今还保存的赶做“外发加工生活”来补贴家用的深刻印象。苏州好几家羊毛衫厂和附属的外发加工花边站，有大批量的外贸订单，手工活可以拿到家里做，或缝合，或绣花，钩衣服、帽子、围巾、手套等，还有洋娃娃的衣服，各种小动物，等等，以增加家庭收入。那时街坊邻居都互相传帮带。现在大家一说起那时候，都有日夜赶做“生活”的经历，做活儿还好，最苦的是碰到尺寸或质量不符合验收要求，“吃退货”回来返工，当然，聪明的人自有避免“一番手脚两番做”的独门秘诀。

那时候大都是多子女家庭，几乎都有做“外

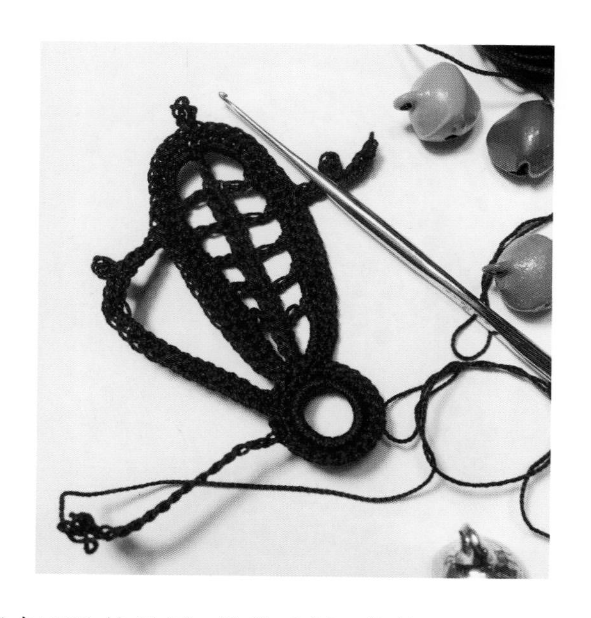

发加工”的经历：做羊毛衫、绗棉袄、缝皮草手套、拆纱头、敲松子肉、用麻线扎鞋底、糊火柴盒等等，什么都有，而做羊毛衫最最干净，最适合女孩子。那时我家姐妹多，做女红“生活”此起彼伏很起劲，低着头做得顺手时，吃晚饭都要大人喊几遍的。一年四季，尤其是冬天，做羊毛衫“生活”，捏在手里捂在身上，暖和。大热天也没关系的，那时我家住在宜多宾巷14号，是控保建筑孔宅花园老宅。暑假里除了看几场电影，不出去疯玩的，就是帮着娘做羊毛衫“生活”。中午楼上热了，微有手汗，就端只小靠背坐到楼下大厅北面的弄堂里，阵阵穿堂风吹来，让人心定。到了下午三四点钟，就到后边大院子里，院子里有假山、两口水井，池塘里鱼儿游弋、小石桥旁花草茂盛，树影婆娑，凉风习习。不时有隔壁乡邻到井上拎水，或拾级而下到池塘“过衣裳”，总要“讲讲张”，但不多讲的，心里有句大人的话，“抬头误三针”。这般认认真真地做，直到天色渐黑，耳边总会飘来一句话，“日光接夜光， 眼睛吃勿消啊，吃好夜饭再做吧”。这样的手工体验，从十来岁起一直延续到了“文化大革命”时。为防止我们去学校参加运动，家长承诺凡是我做的绒线生活儿，结账归我，后来真的兑现了，到了冬天，让我棉袄里面添加了一件赤豆红全毛绒线衫，当然自己结啦，记得一斤绒线只用了九两。女红的针针线线让平淡的岁月饱满起来，女孩也在钩钩结结缝缝合合之中成长，此番情景，历历在目，犹如昨日。

现在回想起来，那时之所以很乐意跟随母亲赶缝外贸订单的羊毛衫、结棒针衫、钩针衫等加工“生活”，就是因为过不了几天，就能大包小包拎着完工的“生活”去道堂巷的发放站交“生活”，再拿“生活”，这样一交一拿，原来是有一份对美好生活的期盼在里面的。

位于道堂巷的门店，是吴殿直巷第二羊毛衫厂的外发加工收发站，每次去那里都是人挤人，挤得满满当当。但见那收验“生活”的阿姨嘴里在打趣，两道目光紧盯着每一件缝好的羊毛衫，针缝稍有不匀，立刻一甩，“拆了重缝”！没有一丝讨价还价的余地。若手里功夫“推板点”的人，此时都不敢喘大气。

那日，我有幸采访到当年这家羊毛衫厂的厂长姚益民，在回忆当年的这番情景时，她忍不住笑着说：“是的，是的。严把质量关，加上做工考究，苏州手工产品很受外商欢迎的。”

这位看似瘦弱却曾经挺身而出救厂于危难之中的女子，让人肃然起敬又倍感亲近。据她介绍，位于吴殿直巷专做出口羊毛产品的苏州第二羊毛衫厂，1958年建厂时，是由家庭手工业者合并而成的小型集体企业，从几十人发展到后来的四百多人。最早是工艺编结厂，属于苏州工艺系统。生产的产品既有机织手缝的羊毛衫、绣花羊毛衫，又有全手工编结的棒针衫、钩针衫。当时所用的材料全是纯羊毛，产品全部定向出口到苏联。

但在商品经济大潮的冲击下，1990年，这家企业年亏损一百多万元，难以为继，上级领导决定将厂子兼并给苏州鞋厂，这一决定在全厂上下引起了极大的震动。1991年12月6日，是退休工人到厂拿工资的日子，他们听说厂子要没了，都泪眼模糊、双手颤抖。想起三十多年前，工人是"人手一副篾子进来的"，你搬来一台横机，我抬来一张桌子、一只小凳子……此情此景，让他们老泪纵横、心如刀绞。当晚，职工代表来到姚厂长家里，请她再次"出山"，并表示一定上下一致，风雨同舟，共渡难关。姚厂长被深深打动了，她向上级请缨：再给我一次机会，为企业打翻身仗。经上级同意后，他们上下一心，重振旗鼓，背水一战，终于出现转机，枯木逢春。出口毛衫行业在激烈的市场竞争中，求生存谋发展，扩大了手工棒针衫钩针衫的出口生产，由编织业务科专项承包，全年出口48万件。生产、销售、税利都名列全省行业前茅。外贸市场产品频频获奖，巩固了上海、江苏、苏州等老口岸，还开辟了无锡、浙江口岸。像对苏联出口的款号K657绣花童装，是单元宝针打底板，用同一色系的六股开司米绣"X"字图案花，开司米要根根平整，粒粒排齐，绣工完成后，整件衣服非常有"派头"。款号K66328拉毛绣花童开衫"狗熊拉车"，非常讨人喜欢。

我曾经跑去车间里看过机织好的衣片拉毛，拉毛车是由两排刺尖带细钩的"巢窝"（形状像水果红毛丹）组成的。操作工人将机器摇好的两衣片背对背，从中间挂下滚了再立刻拎起来。一片衣胚立刻变成饱满的绒面，用花样纸在绒面上绣花，绣好花用针尖将纸屑挑干净，就能呈现出凹凸有致、立体感强的效果。这道工序非经验丰富的师傅是难以掌控的。姚厂长说："是的，这些产品色彩淡雅、层次丰富、技法精巧，产品久盛不衰，每年外销出口量都要几十万件，来不及做。"

随着社会不断变革，信息技术高速发展，20世纪90年代，整个行业体制和产业结构经历了前所未有的大调整。苏州的传统出口产业受到极大影响，好几家专门生产出口手工产品的厂家如羊

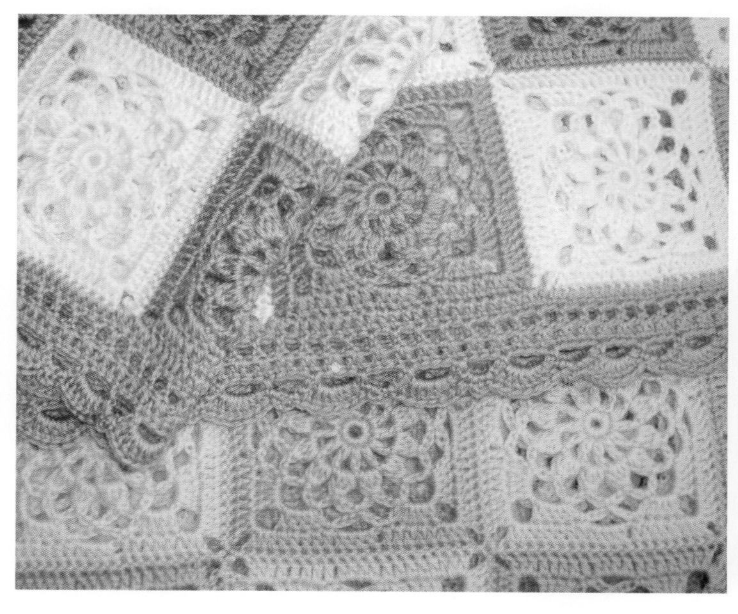

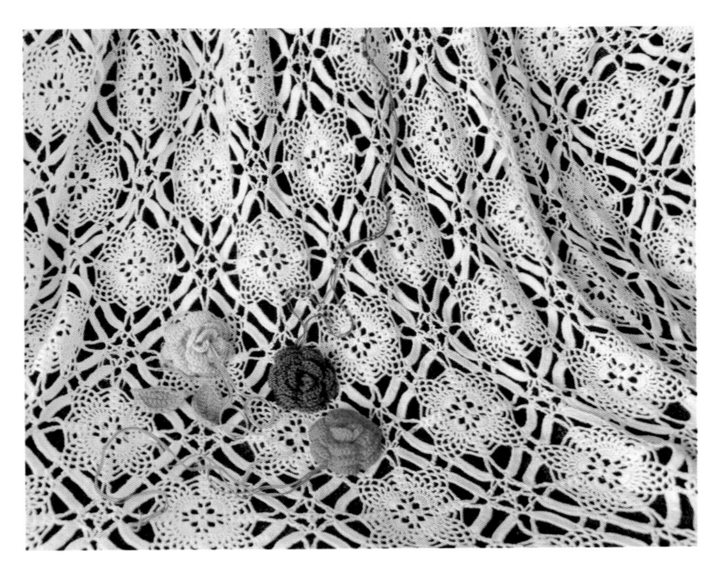

毛衫厂等，相继改制或趋于关停，手工钩针织品外贸订单戛然而止，承载着一代手工编织的精兵强将失去舞台，成熟的钩针编织技艺似乎要濒临绝迹了。

批量出产的苏州钩针编织暂停了，是因为体制改革。钩针编织技艺会后继有人吗？回答当然是肯定的。说奇怪也不奇怪，不管社会如何变化，钩针编织技艺却从未离开大众视线，始终是人们的伴手活儿，只要想到或看到好看的花样款式啥的，钩针拿起来就可以钩了，随时随地，推陈出新。即使是做“大范围”，也不需要大厂房。流传于民间的钩针编织依然活跃，因为凡是美的东西，它自有着强大的生命力。更何况是在工匠荟萃、高手如林的苏州。

苏州是一座有着两千五百多年历史的古城，又是一座日新月异欣欣向荣的新城。苏州，又是一座工艺美术之城，品类之多，工艺之精美，工能匠巧之极，不可方物。手工钩针编织之于苏州，与闻名于世的苏工、苏作、苏绣一样，在一代代传承和一次次创新中发展延绵，方兴未艾。

据统计数据显示，苏州常住人口已从建国初的三百多万，到目前已超过了一千万。苏州越来越好，苏州人的生活越来越好，大家都看得到。

据史料记载，苏州经济文化的兴旺发达，使“耕渔之外，男女并工捆屦、纰麻、造石、制器”成为相当普遍的社会行为，大量的城市和乡村人口都投入了商业和加工制造业中。而市镇经济的繁荣，生活的富足，以及城镇距离缩短带来的交通成本的降低，为广大手工艺人和农闲时节的农民提供了就业机会，苏州很早就成了所有技术高超的手工艺人和富裕商人的天堂，并连绵延续。

是苏州得天独厚的自然环境，繁荣活跃的经济贸易，滋养着苏州人的生活，日子过得慢节奏笃悠悠，从容不迫。富足来自于勤劳向上：勤劳，能带来精致时尚的“苏式”生活方式和丰富活跃的文化消费；向上，则孕育出历代才华横溢的苏州文人雅士，形成了闲适的人生态度和风雅的生活品位。无不表现在人们的日常服饰穿着、家居陈设、窗帘盖毯、帷幔装饰等等，甚至整座城市，俱令清雅，陈设有序，各自成景。如今，这像是弥漫在空气中的一阵阵馨香，正吸引着更多有美好追求的人落地苏州。

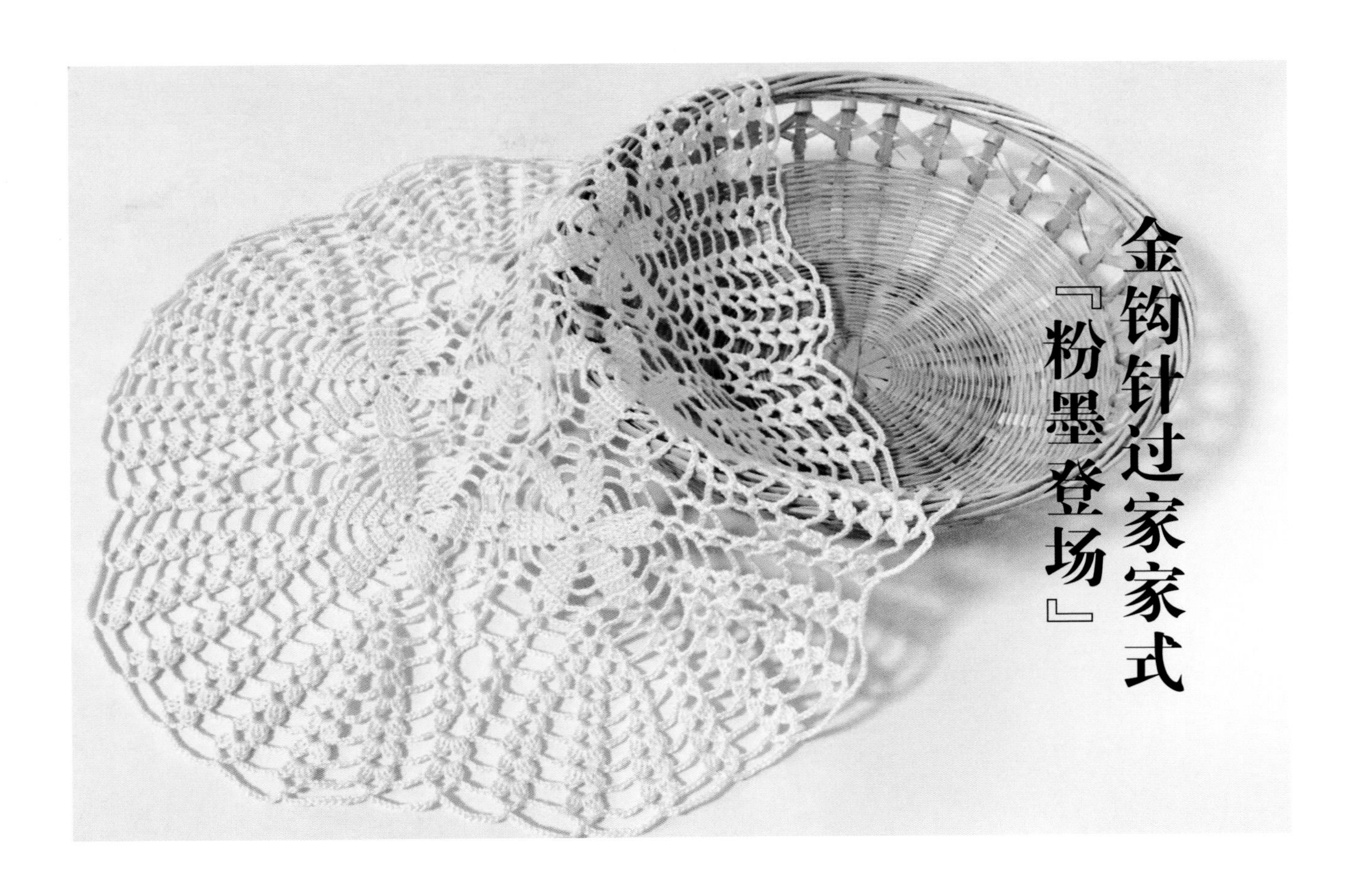

金钩针过家家式『粉墨登场』

有人说，退休前，时间支配由不得自己。退休了，才是真正属于自己生活的开始。当然，属于自己的生活，每天二十四小时怎么支配，这是需要抉择取舍的。

很欣赏北京电视台徐滔的一句话："这个时代并不缺少美好的理想，缺少的是将美好理想变为现实的人。"所以，退休后只要你想再干点什么，还是可以去做的，鼓起勇气，做自己想做且能做的事，成为想成为的自己。

轮到我退休了，兴趣广泛的我一时脑际闪过无数种可能……但好朋友的一句话提醒了我："退休了，就是人到了一个年龄节点，只有两件事可以做——要么干老本行，要么做自己真正喜欢的，做累了也不会怨的事。"家里的办公室的办公桌要彻底清理，就在整理抽屉时，一只信封里有父亲替我保存的一叠成绩报告单，小学的、中学的，一一浏览过，其中小学四年级的一张成绩单上"生产劳动课"一栏里，班主任徐老师居然给了才十岁的小学生这样的评语："热爱劳动，能积极进行缝纫、编织，并能织出很美观的工艺品。"并打了90分。瞬间，深谙手工的徐老师亲切的模样和种种往事情境浮现在我眼前：她让我利用两节课的时间，织了一件绿色鱼骨头针的迷你小马夹，这件小马夹后来获得了辅导区比赛的二等奖。或许是这段评语点燃了我内心深处的一股热情，于是一秒敲定：那就邀约三五同样热衷于手工编织的姐妹，一起来创办一家手工编织工作室吧，就当是玩玩，打发时间。

灯下闲翻，一位老苏州的日记，穿越时空，很有画面感，很有亲切感，从中也很受启发。

这是王祖询《蟫庐日记》(中国近现代稀见史料丛刊　第三辑)中的一则，原文如下：

初七日(1905年11月3日)

至瑞润，送笙巢，未遇。托蒋镜之织小裁缎套二。

是日稿本载：“李伯莲荐其友制绒绳衣件者来，余定衫裤各一、小孩帽三，付定洋四元。其二乃潘姊所托者。此时工艺振兴，天赐庄女学堂中教习此门，成效极速，且甚轻暖熨贴(帖)，可抵棉衣而无臃肿之态。”

虽然这段话中没有写出苏州这家店的店名和详细地址，但表述得很清楚：这是一家私人定制做绒绳衣的绒线店。这应该是我所见到的最早苏州绒线店的文字记录了，很形象、很具体：定做绒线衫一件和绒线裤一条，小孩帽子三顶，付定金4元。还记述了那个时期的手工编织业正在兴起。十梓街东天赐庄那里的女学堂中，专门教习此门手工技艺，且教学成效极速。手工编织所用绒绳，有人用来扎头发，那时习惯叫作“头绳”，结好的衣服叫头绳衫，现在都叫作绒线、绒线衫。绒绳经手工编织成衣，穿着感觉“轻暖熨贴(帖)”，其保暖性“可抵棉衣而无臃肿之态”。这是苏州人对手工编

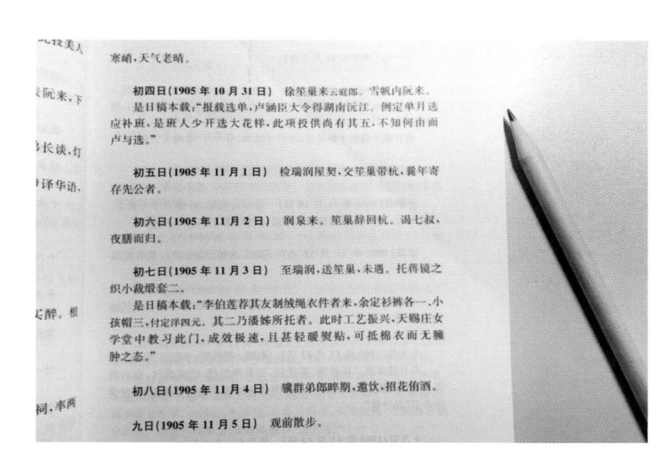

寒峭，天气老晴。

初四日(1905年10月31日)　徐笙巢来云庭郎。雪帆内阮来。

是日稿本载：“报载选单，卢涵臣大令得湖南沅江。例定单月选应补班，是班人少开选大花样，此项投供尚有其五，不知何由而卢与选。”

初五日(1905年11月1日)　检瑞润屋契，交笙巢带杭，曩年寄存先公者。

初六日(1905年11月2日)　润泉来。笙巢辞回杭。谒七叔，夜膳而归。

初七日(1905年11月3日)　至瑞润，送笙巢，未遇。托蒋镜之织小裁缎套二。

是日稿本载：“李伯莲荐其友制绒绳衣件者来，余定衫裤各一、小孩帽三，付定洋四元。其二乃潘姊所托者。此时工艺振兴，天赐庄女学堂中教习此门，成效极速，且甚轻暖熨贴，可抵棉衣而无臃肿之态。”

初八日(1905年11月4日)　骧群弟郎晬期，邀饮，招花侑酒。

九日(1905年11月5日)　观前散步。

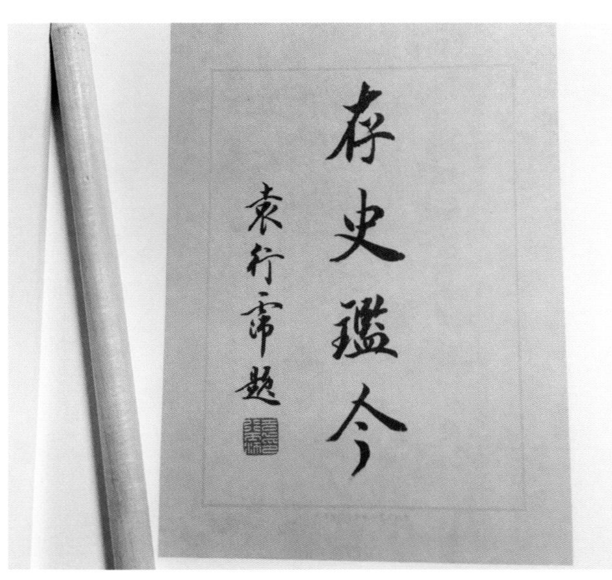

织绒线衫最初的好感，遂开始流行起来。

“九日（1905年11月5日），观前散步。”

时过境迁，恍若隔世。但天赐庄还在，观前街仍是苏州的闹市中心，巧的是，两边都离我家不远，仅一箭之地。

这日记亦让毫无经营经验的我们，有了创办手工编结工作室最初可鉴的框架，构思运作渐显雏形。

首先想到的是为工作室申办国家注册商标。我们在2004年申报国家注册商标时，之所以采用了中英文的“金钩针（GOLD NEEDLE）编结工作室”，标识画面非常简明，LOGO设计体现的就是我们梦想着将手工钩针编织技艺做成我们苏州的一块叫得响的金字招牌，是因为手工编结包括棒针织毛线与钩针编结等多种手工编织形式，钩针和棒针又是女红圈子里的“闺密”，钩与织结合的工艺设计，呈现的效果常常会给我们带来惊喜。我们之所以专打钩针的牌子，主要是因为，手工织毛衣，尽管仍然有其独特的艺术魅力，但再粗再细再繁的花样，现在都有机器可替代了，唯独钩针编

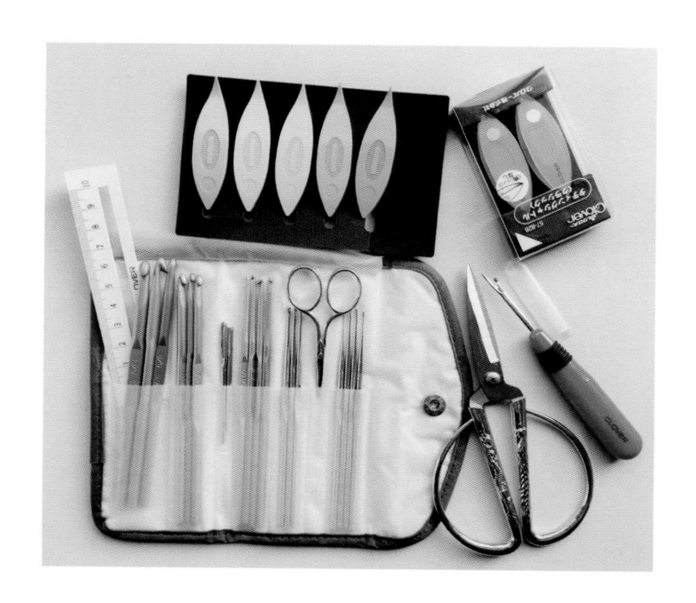

织物，浓缩成了尚无机器替代的小众产品。市场上没人做，那就由我们来做吧。

关键的关键，是钩针、钩针编织、钩针编织物，能美化生活所产生的“蝴蝶效应”，让我们不再犹豫！

钩针，手再巧也要工具好。手头有一枚跟随了我五六十年、已用得锃光尚亮的钩针。对于钩针爱好者，无可替代地成了生活伴侣。早期的手工编织是用两根或几根木质、骨质或竹质直针，线材也仅是棉线毛线，以后逐渐发展成为一种家庭手工业。劳作过程多了，就发现直针顶端弯曲成钩，编织起来可以更加得心应手，与“磨刀不费砍柴工”同样道理。虽然我没见过最初期的钩针啥模样，但可以肯定的是，没有曾经的简单粗糙，就没有现在轻巧好用的钩针。仔细看看祖辈给我们留存的钩针、缝针、剪刀等工具，无一不是工艺复杂、造型精美、用起来非常称手的，感觉就是为拿钩针的手量身打造的。一拿起钩针，手动起来，脑子转

起来，心静下来，想钩什么就钩出来。一枚用得称手的钩针，对于专业或爱好钩艺者来说，就像是一位心手相通的知心朋友。在生活中谁都难免会有烦恼，学会了钩针编织就多了一个很好的排压解忧的调节器。这是许多朋友的共同体验……

编织是女人的母题。钩针编织是需要心、脑、手协调并用的一项手工劳动，美称“手指芭蕾”。很多人或许觉得，编织是女人与生俱来的专利，是不需要专门来学习的，以为愿意来学钩针编织的，都是闲人。但是，后来发现事实上来学编织的，恰恰是很忙碌的人群。尤其像苏州外国语学校、平江实验学校、善耕实验小学等学校的校长们，很重视学生动手能力的培养。作为苏州非遗教育基地，更是把钩针编织课排进了每周的课程表。不但女孩争先恐后参加，还有男孩加盟学艺。照片上的孩子们全神贯注的神态和翘着兰花指的两手有节律地上下翻飞的画面真是太美啦！我的《喜看女孩兰指翘》一文刊于《姑苏晚报》，居然引起学校、家长和社会的强烈回应。

始学
基础针法
+
超大图示
必备手册
线的替换方法

编织世界这么大，各个国家、民族都有体现自己独特风格的编织技巧。每种技巧都有不同的特色，加上编织是一种古老的手工，每种技巧背后又往往有一段动人的故事。正如每个民族或地区的历史没有贵贱之分一样，各种编织技巧也没有绝对的优劣之分。就好像我们的钩针拿法和带线方式与我国北方的或是美式、英式的钩针拿法和带线方法都很不同，但是只要能织，织的目的是能织出成品，殊途同归。能够掌握多种编织技巧是个优势，不但能够丰富自己的“资源库”，取长补短，也可以开阔眼界。

最初，手工钩针编织进入中国后，在编织大师们系统化教学而广为流传之前，喜欢做手工钩针编织的多数是来华的外籍人士，后来在一些贵族小姐太太们中间开始学习，再慢慢流传开来。比如光绪年间喜欢织织钩钩的，晚清名臣曾国藩的小女儿曾纪芬就是其中一位。有人推测，或许她是中国最早学会钩针编织的女性之一。透过时光机看百年前她的编织故事，其中描述编织的心情或状态，百年后同为织女的你我她，跨越时间年龄身份，竟也有着与她相同的经历或心境呢。

人们崇尚美、追求美，可审美有时是会随着时代的发展而改变的。时尚也不仅仅是新潮的、新颖的、开拓的，也包括渐渐被唤起的对遥远年代的温馨记忆。虽然当今时代不会也不至于让人们在家专事女红，但在浮躁烦恼的时候，在忙碌之间的闲暇，抛开一切，心清气净做点女红，既可活络十指，美化你的居所，又可陶冶你的情操，修炼你的性情，丰富你的穿着。就在这千钩百挑和一拨一捻的交融之中，你的心境会如江南的流水，宽阔而平缓，轻松而愉悦。

细若针，长如线。钩针编织物似乎有一种魔力。许多时候，一旦被一款精致的花样吸引住了，那一刹那，我会关照自己必须立刻拿出钩针，选合适的线，赶紧地钩出这精致的花样，生怕花样丢了，更生怕五分钟后那对美的追求热情会丢了！常常会一头钻进去，时光仿佛定格，什么事都置之度外。那种图案精美的花样往往工艺复杂，对提高钩针技艺更是一种挑战。我会被那缠弯里曲的细节所吸引，在复杂的钩针针法里贯穿着对美的理解，在穿针引线中发现不一样的美。同时也得到这样一个认知，繁琐耗时的工艺品不仅无价，更是一种代表象征。每当钩织完工一种钩织品，探寻钩织奥秘的过程，你都会惊艳于最后的成品。自我欣赏织物美的同时更欣赏对钩针技艺的驾驭能力，享受与钩针编织不期而遇的美好。我经常会把钩针作业的过程拍几张照片分享在朋友圈，总能赢得点赞和一片赞美，乐此不疲！这足以证明这种魔力之大！曾经和正在给世间带来精致与华美的钩针编织，怎能让它失传？要让钩针编织技艺的灵魂，操控在苏州能工巧匠的手里。

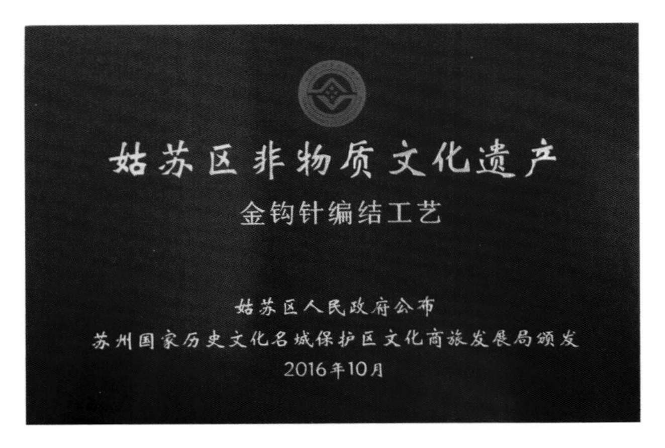

生活的世界换了经纬，每天放在面前的“生产生活”都要重新徐徐展开。

怎么做，做些什么，做多做少，开始都还是一头雾水。也有真心朋友来泼泼冷水：“开店容易守店难啊！”一门心思要尝试一下时，哪顾得了那么多呀。于是，分头去上海考察位于淮海路上的手工编织店，看店铺装饰装潢，商品如何出样，织物品质、价格价位。回苏州办好执照，好朋友们你送几个模特儿，我给搬张桌子，还有大老板更新换代淘汰下来的玻璃柜台，真是众人帮忙，就像过家家一样，利用自家一小间街面房子，打扫干净，请来时任平江区领导袁以新先生喜放开张炮仗。就此，金钩针编结工作室正式组建成立了。此时是2004年夏天。

观前街颜家巷1号 电话:65117818

GOLD NEEDLE
金钩针 编结工作室
观前街颜家巷1号 电话:65117818
GOLD NEEDLE
金钩针 编结工作室
观前街颜家巷1号 电话:65117818

除了每月退休金，没有任何资金支撑，姐妹们退休的退休，下岗的下岗，每人家里都是上有老下有小，但这不能阻碍我们一起来做喜欢的事情。说干就干，不用多想，凭着真心喜欢钩针编织的一股热情，一边盘算着设计新款式，一边分头打样出样，张罗着店铺每天的运转。金钩针编结工作室成功申请到国家注册商标，也成了苏州第一家拥有国家注册商标的手工编织品牌。之所以取名“金

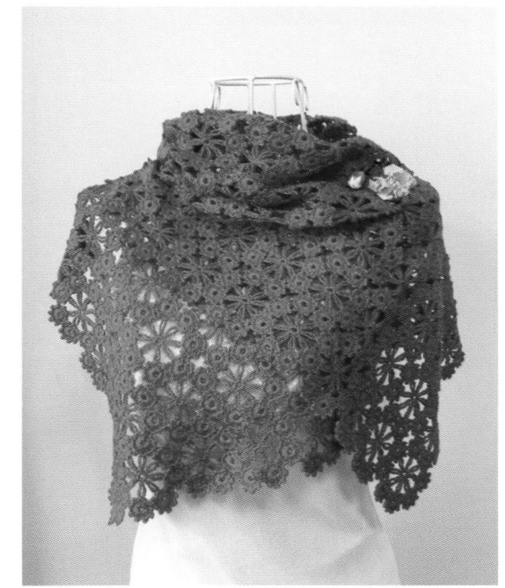

钩针”，姐妹们一致认为：“在中国传统女红里，编、织、钩、结中尤以钩最为复杂。我们要用最好的钩艺，打造出体现苏州女子心灵手巧的金字招牌。这个招牌不是属于我们个人的，而是属于苏州这座文化古城的。”

金钩针编结工作室自开张后，首先是重业务，追求手工精致，品质优异。开始时每个人钩织的出手不同，有的偏松，有的偏紧，但慢慢技艺技巧都长进了。每钩一样东西，从起针开始，每一针、每一行、每一朵花，都要认真钩，钩好看一遍，确认无误，再继续。一圈钩好，“无痕收口”；另行换针法，“无痕起针”；双色或多色间隔，一律断线“无痕换色”。哪怕打个结，再细的开司米，都是“无痕接线”。坐着钩活儿，说话可以，很少抬头，“抬头误三针”。日积月累，每一位老师的钩针技艺功夫普遍上了一个台阶。尽管有人对钩针的花样技巧感觉是无师自通、与生俱来的，工作室仍然倡导三人行则必有我师，主张“互帮互学，能者为师”的理念。边实践边积累，凡有新思路、新设计、新款式，两三天就可搞定，往往成品刚挂到模特儿身上展示，很快就被客人挑走了。其他手工编织店到了夏季就是淡季，而金钩针编结工作室一年四季都是旺季。

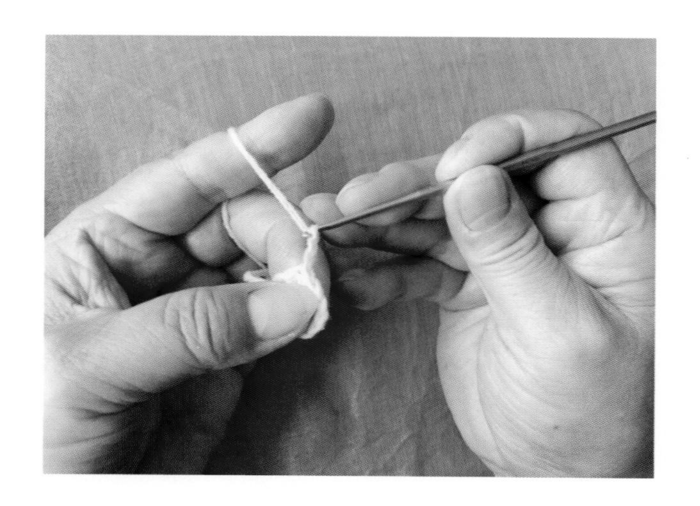

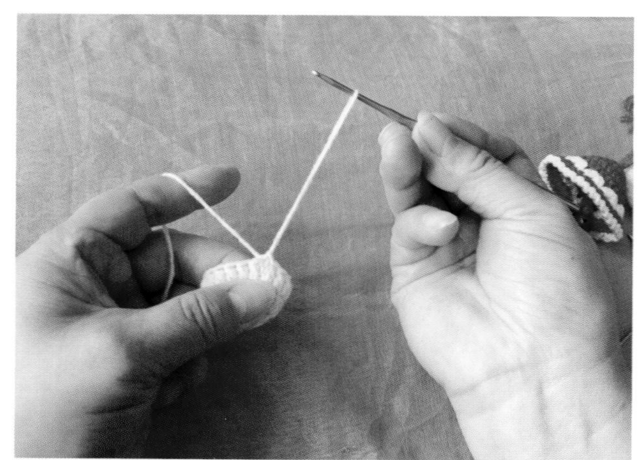

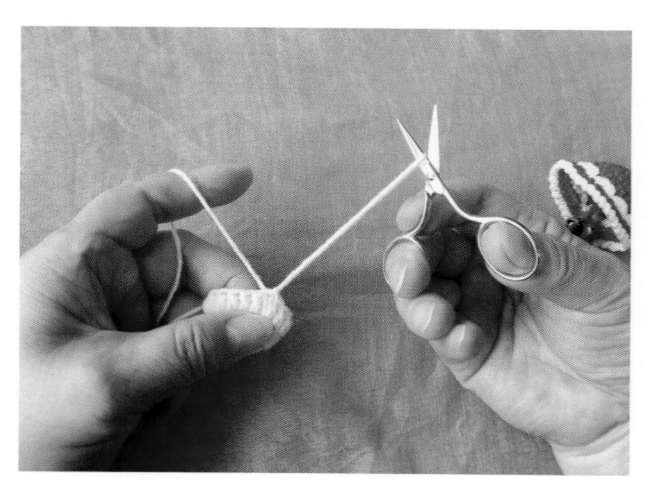

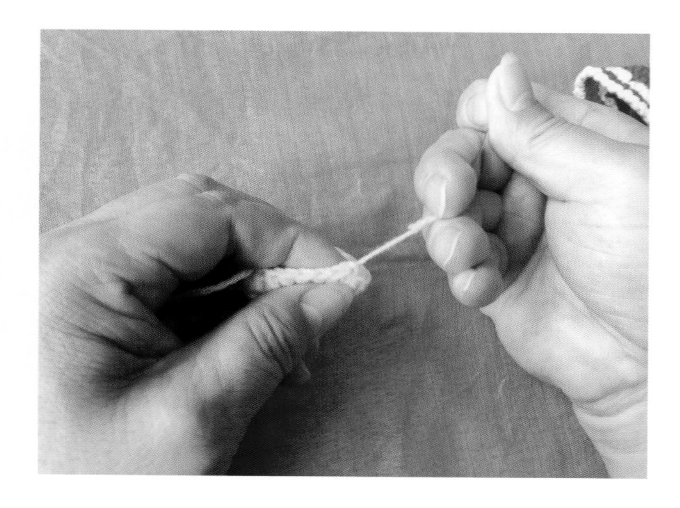

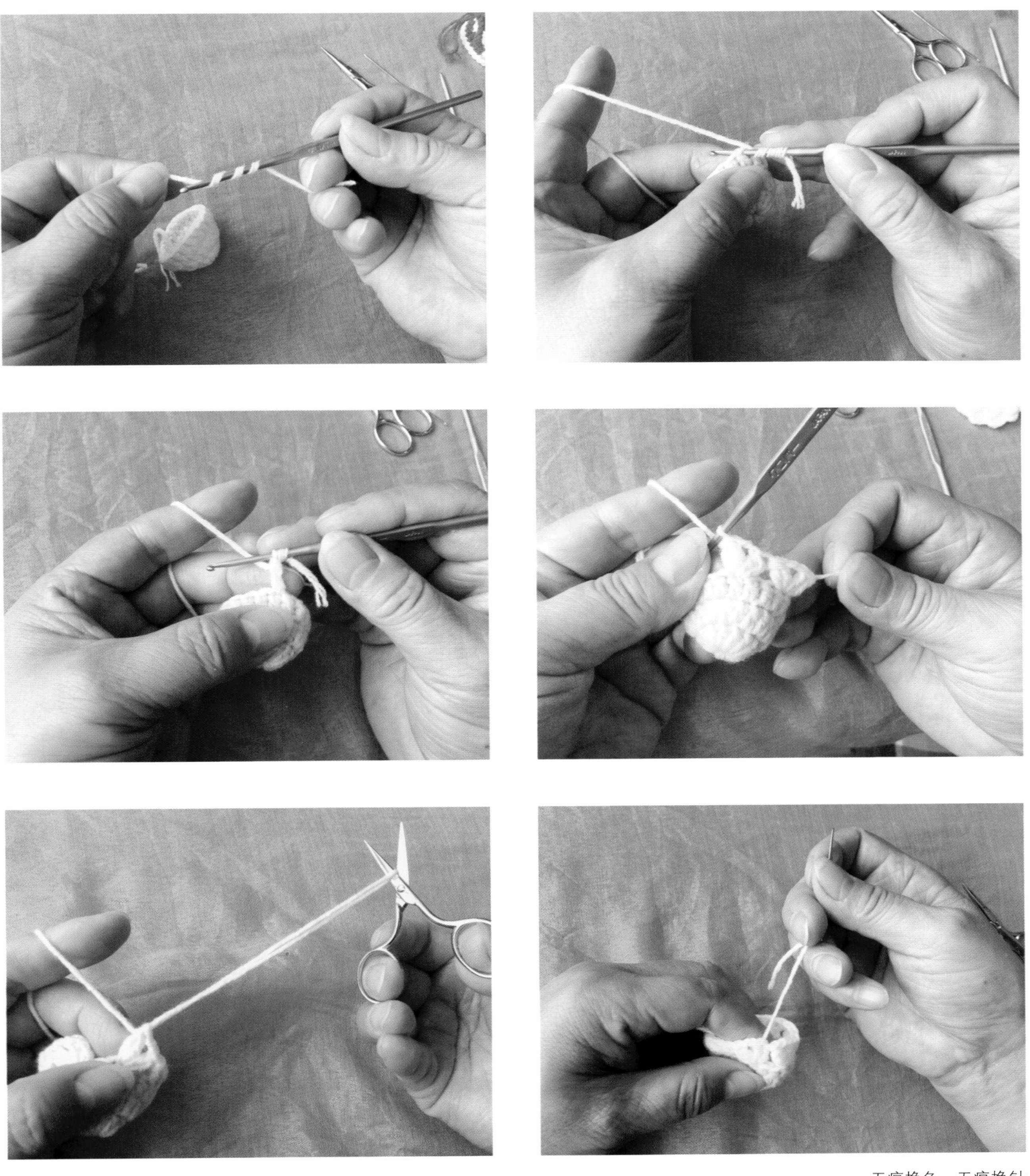

无痕换色　无痕换针

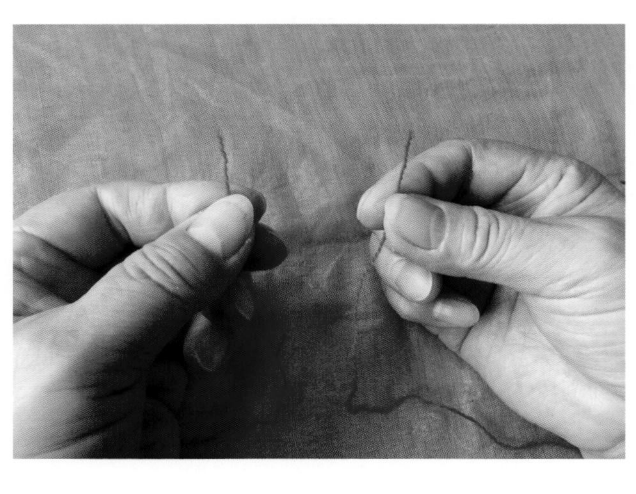
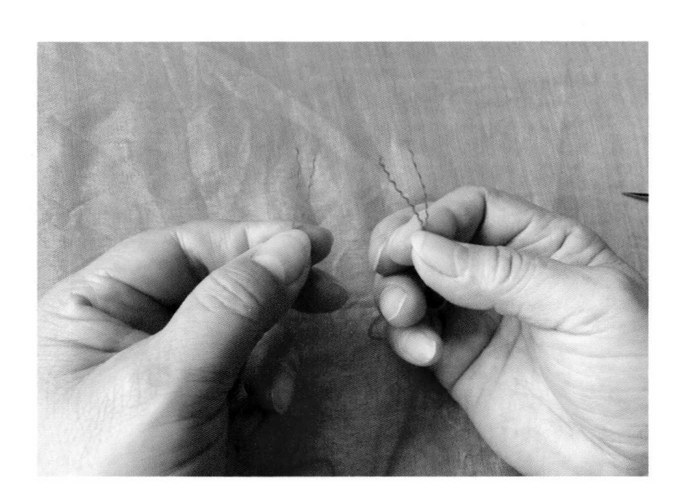
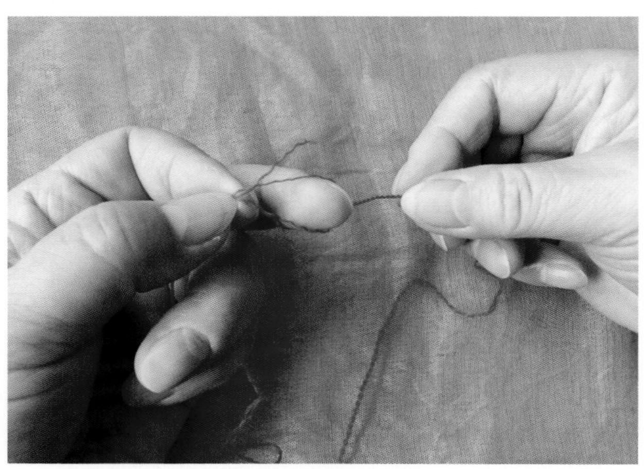
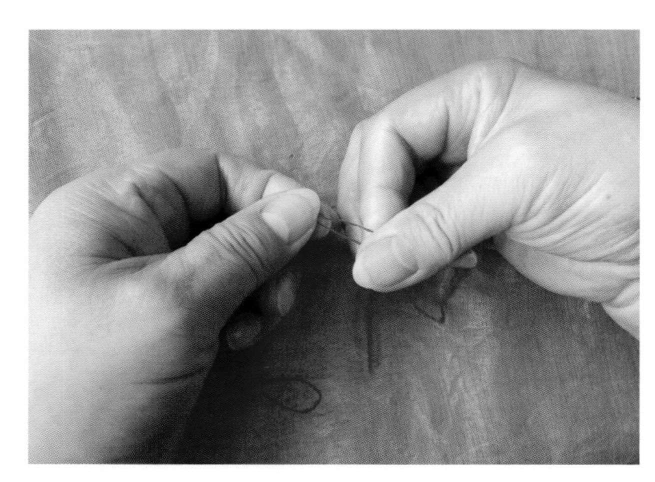
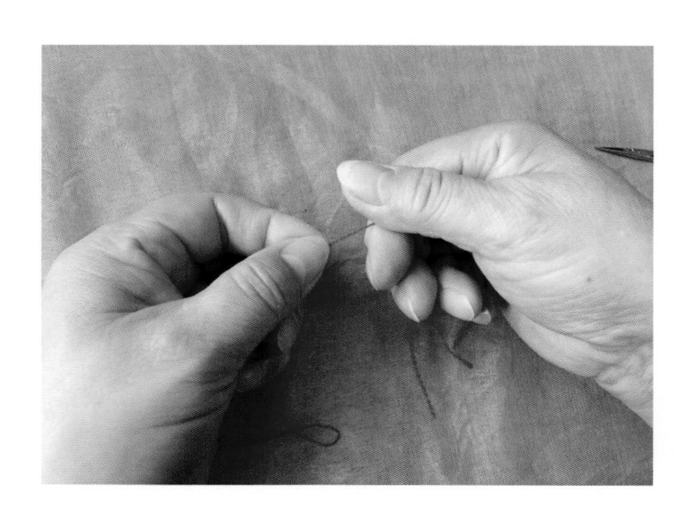
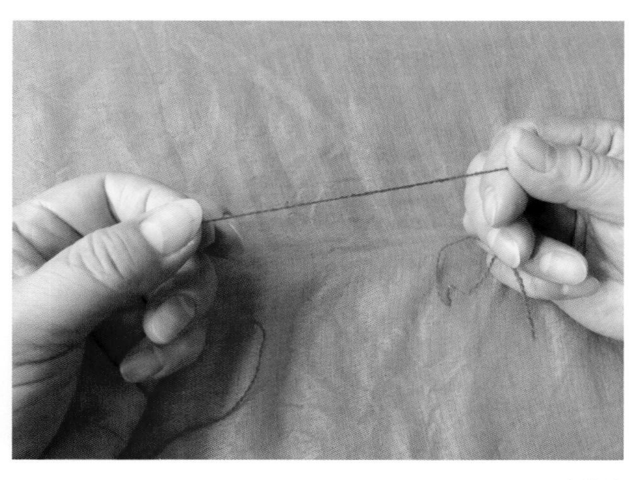

无痕接线

于是，蝴蝶网眼短袖衫、向日葵花长袖衫、羊毛大披肩、繁花小肚兜……细线在编织巧手的指间缠绕回转，变成了一件件精美的衣衫服饰。有一款设计巧妙、花边雅致的贝壳衫小披肩，整体效果很细气，是苏州人喜欢的风格，因本身前片的弧形很像打开的贝壳而得名，很受客人的欢迎。店里做了很多件，其袖子从月亮袖、短袖、七分袖，做到了长袖、蝴蝶袖，久盛不衰。“苏州女红”独有的细腻、精美、雅致，“钩住”了往来游客的目光。有一次，一批外国游客被模特儿身上的拼花钩针线衫吸引进来。当他们听导游介绍说，这些图案精美的衣服都出自苏州女子的手工编织时，不禁竖起大拇指连连说“beautiful, beautiful”，并纷纷挑选购买，其中一位女士一下子就买了七件。

创办于2004年的金钩针编结工作室地处观前街商业区，是目前苏州手工编结行业第一家拥有国家注册商标的编结工作室，主要致力于钻研钩针技艺和钩织物的推陈出新，十多年来始终保持了正常营运。光顾这里的客人已难以数计，虽要求各不相同，但爱美的追求是相通的，美的语言是相通的，外国客人光顾，可以不用翻译，友好交流，顺利交易。当一件漂亮的衣服或披肩什么的展现在客人面前时，在场的人都会同声赞美。穿着或

使用金钩针作品的大多是普通的苏州人，尤其是不断有新客人慕名而来；经常有来苏游客偶尔路过，意外发现，会如获至宝；更有对手工劳动非常尊重、对手工编结非常赏识的外国朋友，将缝有金钩针商标的产品带到了日本、新加坡、加拿大、美国、澳大利亚、法国、德国、南非等世界各地。让这门既能创造美、有着广阔市场前景、又有灵活就业岗位的传统手工编结技艺，日见长进。

金钩针编结工作室开张以来，姐妹们全身心投入，辛劳付出，缝有金钩针商标出门的作品已难以计数。原来抱着“做做白相相”心态的，也在钩钩复钩钩的岁月中，突然发现了自己的天赋。擅长钩的钩得更好了，擅长结的结得更匀了；有人可以钩中有结，融会贯通，并从中找到了独特的成就密码；有人从最基本的事做起，积累持久的力量；有人的独门绝技别人争相模仿，却难以超越。日积月累，金钩针“精美、雅致、实用”的品牌风格就此形成了。现在，参与金钩针编结工作室接单编织的十几位编织高手，在工作室忙忙碌碌的日常状态下，积极向上，都学会了做事先做人，勤勤恳恳，任劳任怨，以精湛的手艺赢得了市场的认可，也让自己在编织美丽的同时，找到了自我，享受到了手工编织的快乐。

在物资匮乏的年代，女红及手工编织常常被认为是家政重要的一环。

江南灵秀，女子手巧，金钩针编结工作室的

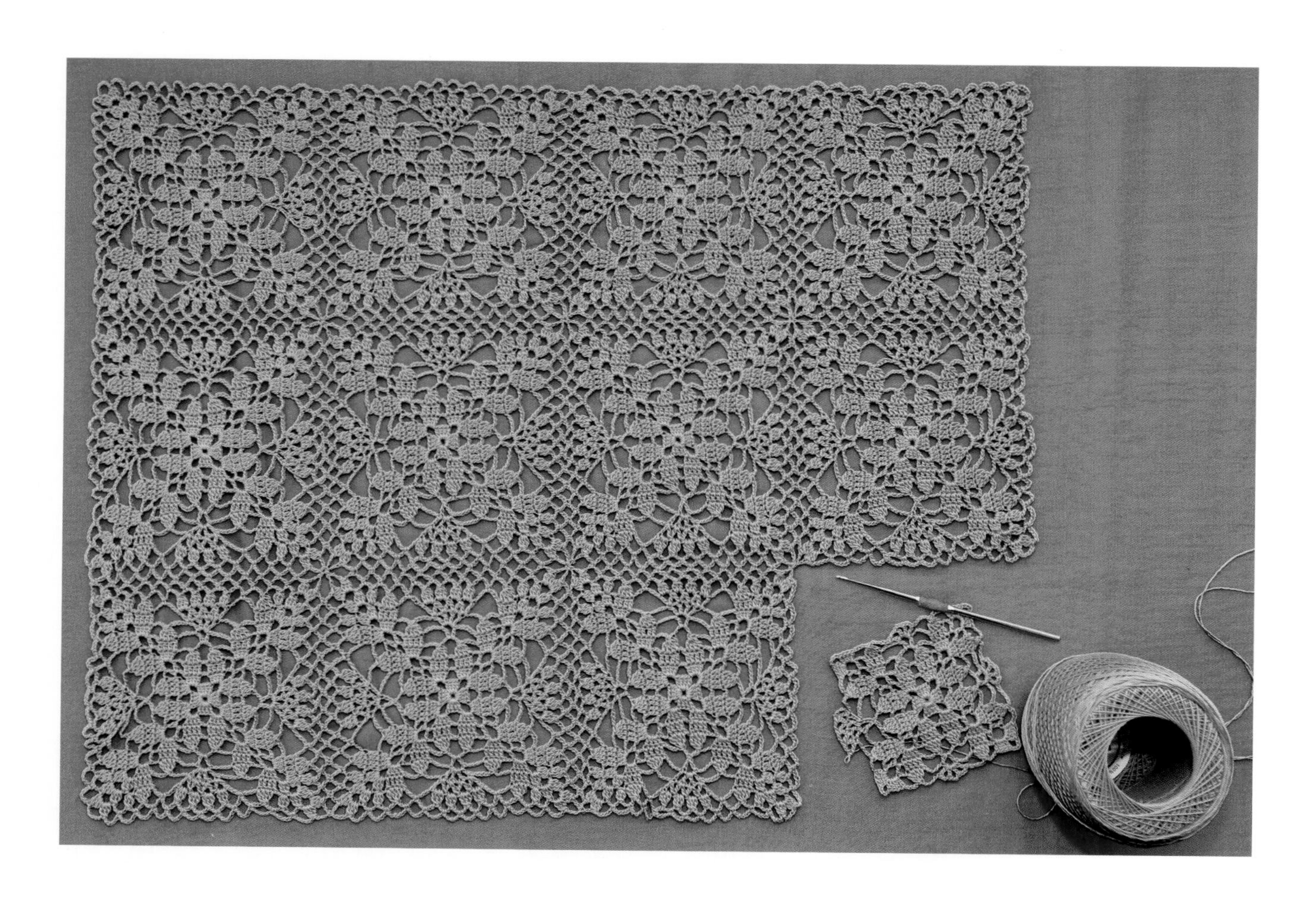

所有成员，都是典型的苏州女子。对于编织，她们都有着一种与生俱来的无师自通的悟性，都有很小的时候就在母亲和阿姨阿婆们的传授下学做女红的经历。那时候有这个大环境，就像我家住的宜多宾巷14号，沿街门厅是裁缝铺，住户进进出出，戴着老花镜的贾老板嘴里招呼着，手里缝针一刻不停。我还没桌子高时，就手扒着他的作台板，看他用刮浆刀把薄薄的面糊顺序沿边刮，待自然干后，方可上机缝纫。那高挂在墙上镜框里的丝缎闪闪、造型优美的各种盘花纽扣，漂亮得来，我看得如痴如醉。有时碰巧，有说书先生来取上台着的衣服，定然不能放过这样的机会，目不转睛地盯牢仔细看那抹着唇膏、烫着长波浪的美人儿。隔壁13号楼上的吴师母，天天翘着兰花指劈丝线绣花，我就站在绷架前，看着她两手在绷架上上下翻飞，那针线穿过缎面时发出的有弹性的节奏声，让我常常忘了回家吃饭。没有拷边机时的服装缝纫是要点本事的，对门同学的妈妈，白天在玄妙观三清殿后面的服装厂上班，傍晚，我做好功课就看她飞快地踏缝纫机，她会边踩着缝纫机，边说着这些口诀：做本身是“前包后”，做袖子是“大包小”……

那会儿的女孩，八九岁就会织毛衣、钩台布，十来岁就踩着缝纫机，剪剪裁裁，做圆领衫，脚上穿的百叶底搭襻鞋和冬天的“蚌壳”棉鞋，都是自己从集旧布头开始，然后趁天好，糊硬衬、搓麻线、扎鞋底、依样画鞋面，鞋底扎好、鞋帮做好的，还能用针锥自己上鞋，连皮匠铜钿都省了。这些生活档案，街坊邻居们都是一本账，清清楚楚。这在今天看来无法上手的事，在那时是习以为常之事。

现如今生活中，家务越来越轻松便利，工作之余，上班族们也会争分夺秒拿出钩针，高兴就钩几朵，日积月累，拼条沙发毯，也是指日可待。

浮世悲欢
明清笔记小说中的士林冶游生活

Dinassidun

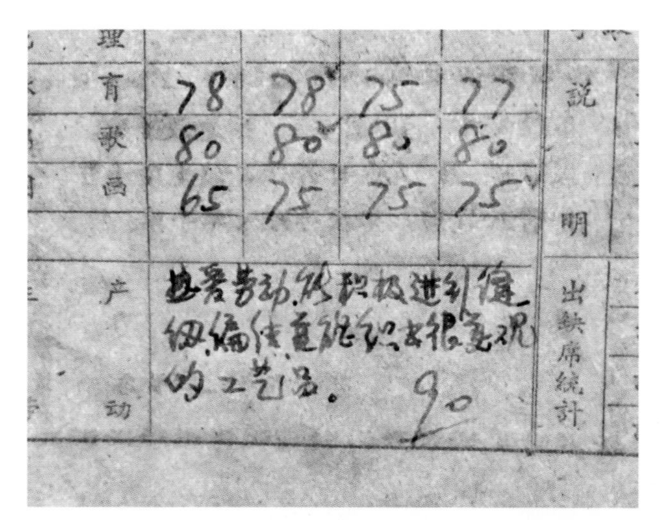

	第一阶段	第二阶段	学期测验	学期成绩总评	
理					
体育	78	78	75	77	説
唱歌	80	80	80	80	
图画	65	75	75	75	明
生产劳动	热爱劳动,织积极进到缝细,编结意能织出很美观的工艺品。			90	出缺席統計

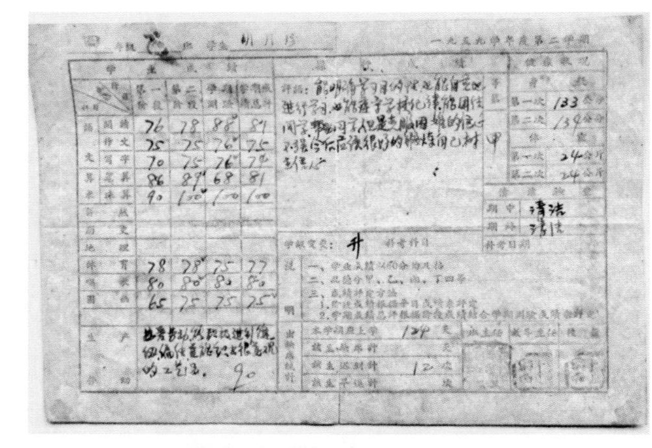

四年级 乙 班 学生 明月珍　　一九五九学年度第二学期

科目	第一阶段	第二阶段	学期测验	学期成绩总评
语文 阅读	76	78	88	87
作文	75	75	76	75
写字	70	75	76	79
算术 笔算	86	89	68	81
珠算	90	100	100	100
自然				
历史				
地理				
体育	78	78	75	77
唱歌	80	80	80	80
图画	65	75	75	75
生产劳动	热爱劳动,织积极进到缝细,编结意能织出很美观的工艺品。			90

品德成绩：甲

健康状况：身长 第一次 133公分，第二次 139公分；体重 第一次 24公斤，第二次 24公斤

清洁检查：期中 清洁；期终 清洁

学籍变更：升

说明：
一、学业成绩以60分为及格
二、品德分甲、乙、丙、丁四等
三、成绩评定方法

出缺席统计：本学期应上学 124 天；病假迟到 12 次

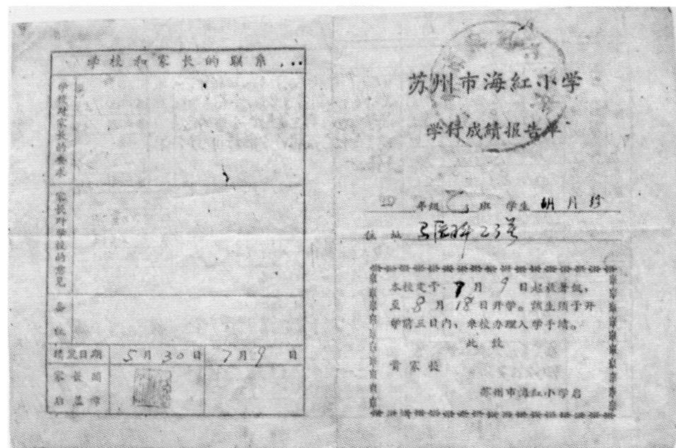

学校和家长的联系

学校对家长的要求	
家长对学校的意见	
备注	
填发日期	5月30日	7月9日
家长阅后盖章		

苏州市海红小学

学科成绩报告单

四 年级 乙 班 学生 明月珍

住址 马医科23号

本校定于 7 月 9 日起放暑假，至 8 月 18 日开学。该生须于开学前三日内，来校办理入学手续。

此致

贵家长

苏州市海红小学启

钩针编织美丽的故乡之情

金钩针编结工作室坐落在观前街东南的颜家巷口，坐南朝东北角。开间不大的店堂里，姐妹们围桌而坐，一边手里钩着各自的活儿，一边“讲讲张”，有客人进来就招呼一下，就像过家家一样，休闲劳作。让人意想不到的是，在这个对外窗口，喜欢钩针编织的各种剧情会经常上演，荡漾着的故乡情怀，让人其乐融融。

一天下午，随着一声“好了，好了，总算寻着哉”，店里进来三位女士。说话的这位年龄稍长些，她操着一口纯正软糯的苏州话介绍自己：“吾到南非经商已经好几十年哉。”她说自己在南非时，每逢出入商务洽谈等重要场合，都只穿着旗袍，因为这是一种无声的自我介绍：我是中国人。随着年龄增长，她发现手臂上的肌肉松了，穿无袖旗袍时就须配款披肩稍稍掩饰一下。她这次回苏

州，就是想买到纯手工钩织的小开衫或披肩，便委托家人四处寻觅，经人指点，她来到了金钩针。她经过左挑右选，买了四件成品，又当场定做了三件，她说，穿上来自家乡的手工钩编织品，会让她感觉离苏州不远。之后，我们便根据她的气质和身材特点，专门设计，用心制作，终于让她如愿以偿，不虚此次故乡之行。

一辆轿车从金钩针门前开过，到青龙桥又慢慢退过来，停在了玻璃门前。“咦？这车怎么停在这儿了？”我们正纳闷，一位先生从车上下来，急切地问：“你们是手工钩针编织吗？能钩车内饰吗？”“当然可以啊。”

这位先生姓李，原来他是受人之托要定做头靠装饰。他开的这辆车的主人——一位香港老板，想要给爱车座椅定做头靠的套子，要求一定要在苏州做，要用手工钩织。他再三嘱托李先生：“一定要手工钩的，不要机器织的蕾丝；要纯棉线，不要用化纤的！”

李先生欣慰地说：“我已经在观前街几家大商场反复找过，今天总算找到了……能不能快点钩啊？下个礼拜老板要来，这下我好交差了！”下个礼拜哪能来得及？不吃饭不睡觉也来不及的，这可是细致活。看他着急，我答应他最多给他插个队。于是，我们赶紧量好尺寸，想着能先抓紧钩出两片来。之后，我们根据量的尺寸，选取合适的花样，配以精纺高支纱纯棉线，请了店里出手最好的老师来钩。三天后，李先生来取了两片样子去。

李先生第三次来时，很兴奋地告诉我们，当漂亮的头靠套子呈现到老板眼前时，他开心地说：“我说么，我相信苏州一定还会有人在做手工钩织……”李先生取了全部定货，就要离开，见我拎了包正要出门，李先生问：“去哪儿？我送你。”上车后，我不禁要问：“你说的这个他是谁？这位香港老板怎么会这么执着地喜欢苏州的钩针编织？”“他是苏州人呀，到香港发展得好了之后，又回馈故乡，回苏州办企业，到高校设立助学基金，他还是苏州市和江苏省的政协委员……”

“啊？政协委员？他叫啥名字啊？”

“郭次仪。”

“郭次仪？这么巧，我曾经采访过他！”

那是1994年4月18日下午，由苏州医学院客座教授周文轩先生和郭次仪先生主考的中药药理学硕士研究生面试遴选，在苏州医学院内的可园中进行。此新闻于次日《姑苏晚报》见报。

郭次仪1942年3月生于江苏省苏州市，1964年毕业于南京大学物理学系，曾任江苏省政协委员、苏州市政协委员。从1991年起先后担任苏州医学院、南京大学、苏州大学等院校的客座教授，苏州大学校董会副董事长兼药学院理事会理事长。

郭次仪认为，学生不能一味地追求书本上的知识，不注重社会实践，否则就读成“书呆子”了。他主张学生一定要多实践，做社会需要的复合型人才。他建议所有的少年儿童都应该多参加社会实践活动，从小要关心政治，关心国家大事。

那次采访，我一直印象深刻。这次定做车饰，虽未与郭先生见面，但他对故乡苏州“钩针编织”的喜欢和眷恋之情深深地打动了我们，给我们留下了美好的回忆。

周文轩教授、郭次仪教授

昨在苏医面试研究生

本报讯 （记者 胡月珍）由苏州医学院客座教授周文轩先生、郭次仪先生主考的中药药理学硕士研究生，面试遴选昨日下午3时在苏州医学院可园进行。

周文轩教授在与苏医联合成立了中医研究所的3年之后，又鼎力资助培养中医研究生，并与郭次仪教授、苏医顾振纶教授、钱曾年研究员一起面试遴选研究生。4名应试学生是该院选送的、经研究生入学考试成绩达到和超过国家规定标准。这要从他们中录选两名。

马路对面有家干洗店，与我们隔街相望。那天女店员拿来一件黑色加长外装前来求助。“这件衣服前门襟被我不慎烫坏了，客人说是世界名牌，价值六七千元，要我赔！我只是个打工的，每月工资两千多元，哪里赔得起？你们能帮帮忙，想办法织补一下吗？”她非常自责：“我只想着尽量把事情做好，整理衣服都要熨烫一下，谁知这个面料这么薄，熨斗一上去，底板都露出来了……”

我仔细一看，这面料纤维支数高，薄如蝉翼，里层薄薄的海绵显露无遗，整件衣服都是圆圈踏纹，别说我们不是专业织补的，就是颜家巷的织补高手李康看了也直呼“搞不定”。没人帮得了这个忙。

当晚，这位女店员沮丧无助的表情让我辗转反侧，难以入睡。有什么补救的办法，能让这件衣服“起死回生”呢？第二天，我来到干洗店，请店员打电话征求客人意见：“用黑色钩花来遮盖烫坏的部位，能接受吗？”客人回复说：“只好死马当活马医了，试试看吧。”

于是，我选用意大利进口黑色棉线，根据损坏面积大小、踏花的形状，钩出大大小小七片不同针法的圆花，最大的一朵先绗缝到位，再将其他六朵不对称地分布在前胸、两袖及领子上。经过一番钩花织补，完成后，姐妹们都说整体效果非常别致，丝毫没有违和感。如再版的“晴雯补裘”般。当然，最终还是要客人满意才是王道。

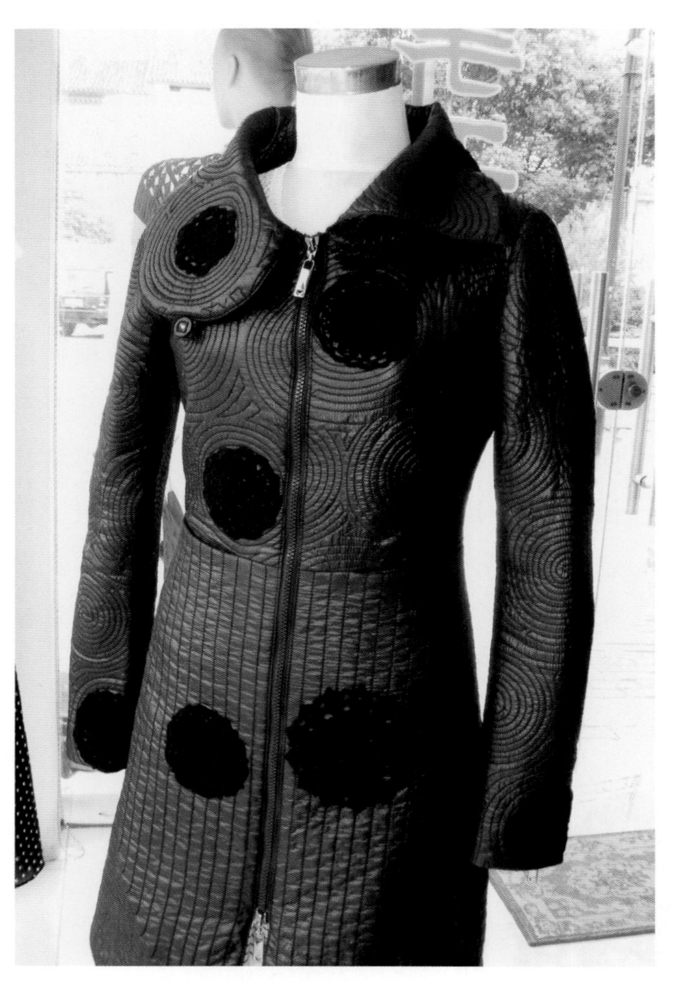

第二天下午，随着一句："啊！这件衣裳就是我的哇！"一位女士走进了店里。只见她把身上外套一脱，从模特儿架子上剥下这件补了钩花的衣裳，迅速穿上，在镜子前一番端详："太好了！坏的地方一点也看不出了，加上这些花简直完美，这才是名副其实的名牌呢！今天晚宴就穿它啦。"说着，她就将脱下来的衣服放进包里，喜笑颜开地出门了。

一番用心的设计，让钩花"跨界"发挥，让这位客人"失之东隅，收之桑榆"，让干洗店女店员避免了损失，真是皆大欢喜。

一对夫妻要去厦门大学就职，带了五件从金钩针选购的衣物、披肩。到了一个新单位，三下五除两，都送了人。"你们钩的东西太讨人喜欢了，很抢手！"这是他俩回苏州过春节时告诉我的。记得那天天已经很晚了，又下着雨，我本想着早点打烊回家，正在上锁，二人冒着雨来了。边说边挑选，又是一大包，挑完，二人又满足地冒着雨走了。

有朋友说："你的工作真好，有机会与那么多优秀的人交往。"是的呢，就像我曾经采访过邹竞，那是在2002年，当时我写的采访稿《让胶卷出彩的女院士》发表在《姑苏晚报》上。邹竞是苏州中学的优等生，被选派到苏联留学。学成归国后，在我国感光材料领域大显身手、身手不凡。在国家需要的时候她孜孜不倦地努力，使我国国产彩色胶卷实现零的突破。邹竞不顾个人得失、一心一意为国家利益奉献自己的宽广胸怀，让我深深地感动着。

没想到，十八年后我俩又见面啦！当我将孔雀蓝钩花小围脖给她系上时，她显得非常开心。

这样的故事不胜枚举，多得三箩筐都装不下。就在这一个个有着人情味的故事中，金钩针编结工作室的声誉不胫而走。

姑苏晚报　本周人物　19

年过六旬仍在感光材料科研前沿奋战的邹竞，近日回苏州探亲，她说最难忘的是家乡和恩师；然而人们或许不知，这位娇小的苏州人却是——

让胶卷出彩的女院士

人物档案

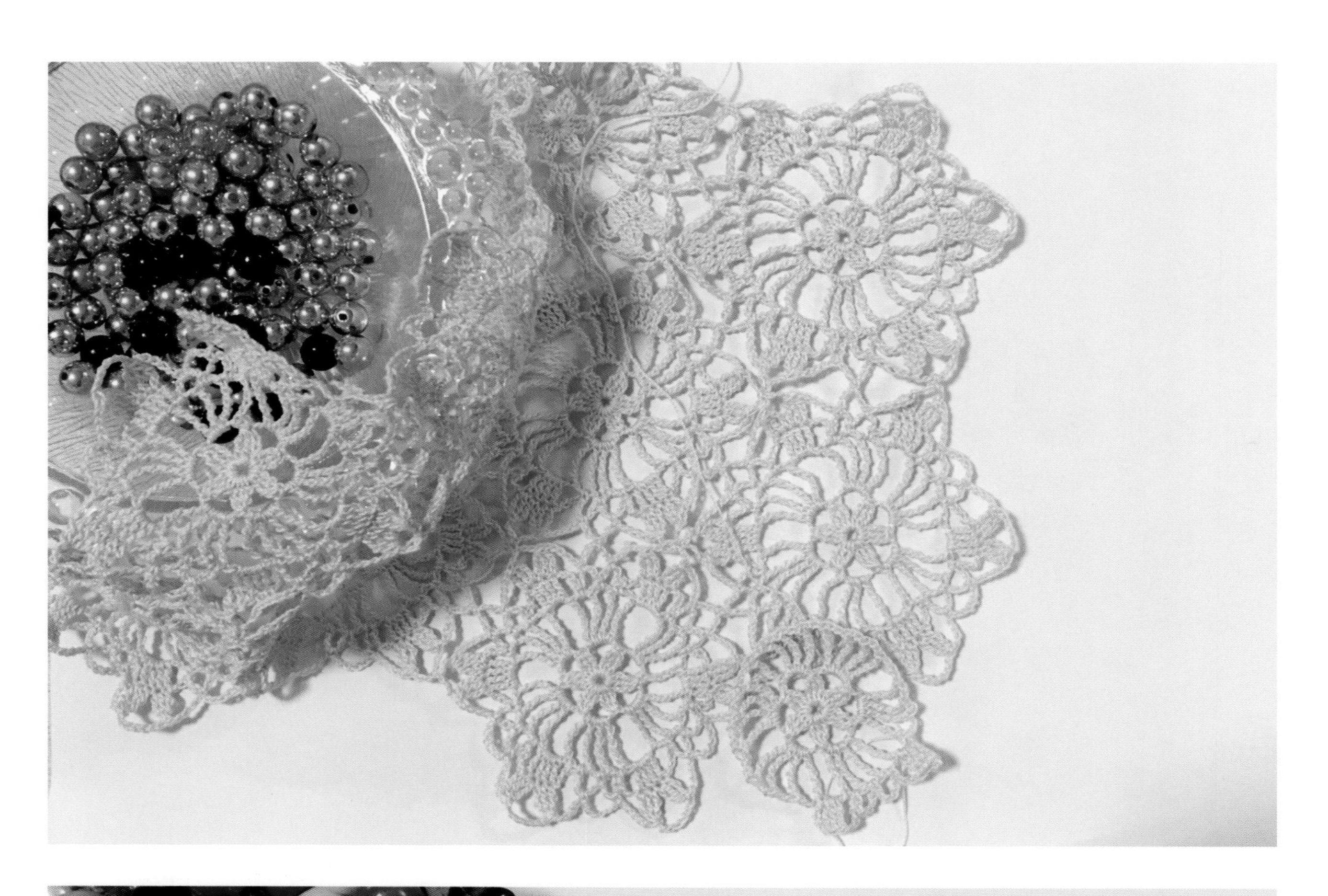

一事专注，终有回响。随着“金钩针”的名气越来越响，工作室编结的产品也从服饰拓展到家居装饰产品、小玩具等。每一件编结品都融入了独特的构思和创意，通过不同的针法和花样拼接，变幻出万种风情。哪怕是一颗纽扣、一朵小花，点缀得当，都能让人眼前一亮。而上档次、有品位的钩花编结品，需要以“心灵手巧”为前提，依托的是姑苏女性历经数载传承的编结氛围，以及遍布于生活中的吴文化素养。编结的过程有时是简单重复的，别人看来可能会是枯燥乏味的，但如果你是真心喜欢编结并富于创意的，为满足顾客的各种需求，当你拿起钩针动手钩时，你的心就会静下来，全身心地投入编结之中。你的编结品也会因此而注入灵性，有了活力。苏州的钩针编织源远流长，积淀起的与之相关的文学性叙事文化亦相当深厚，它是回乡游子表达乡情时绕不开的情节和主题，更是一代代倾情于钩针编织人寄托情感，表达对美好生活追求与向往的有生命产物。

我喜欢有钩针编织的时光，喜欢与同好的姐妹们一起边“讲讲张”，边织织钩钩，切磋钩艺，彼此成就，不负时光；更喜欢被五彩缤纷的丝线、棉线、毛线等各种花式纺线包围着的感觉。一团精纺的棉线，光是看着就会心动，脑子里盘算着，让它成为它最好的钩针编织物会是什么样？蓬松、轻飘似羽绒的马海毛又最适合做啥呢？经新工艺纺出的柔软如蚕丝的美丽诺羊毛真的不起球，居然承诺可以机洗！我更喜欢通过钩针编织，捉摸用不同材质的纱线编织成品有哪些不同，高支棉线有亮度，有骨子，成品挺括；亚麻织物或棉交织物则轻爽透气；羊绒虽然完工后要有缩绒过程，但处理过后的绒面，手感温暖柔软；自然色泽的羊驼毛织物更是厚实保暖，一如性情温厚的驼羊……

变生

良材虽集京师，工巧则推苏郡。回望传统，唯见精致与典雅。苏州的手工艺，工不厌精，清雅俊秀，隽永流长，自古以来便引领着工艺时尚。作为热爱钩艺的老苏州人，趁现在还能翻着花样地钩，还能带着老师团队进学校授课，还能在电脑上编写钩针编织教程，我都在抓紧时间做，播撒钩针编织技艺的种子，是为热爱，更为传承。

钩针编织在苏州的兴盛出彩，展示了苏州人的指上功夫，见证了一代代苏州人勤劳、奋进的历史过程，也孕育积累了极其丰富的习俗信仰。古人有云："织女扬翚，美乎如芒。"说的是擅织的女子是透着光芒的美人，有呵气如兰的气韵。而钩针编织的实践让我们感受到更多的是，人们对手工劳动的尊重，那些看到好的钩针编织时那种惊叹的表情，常常让我们非常享受。但现在从事钩针编结的主力军大多已上了年纪，编结技艺和其他大部分非遗项目一样，都有着后继乏人、精华技艺面临失传的困境。手工编结这门技艺对就业者的年龄和学历并没有苛刻的要求，关键是要有一定的悟性和喜爱之心。如有资金实力，"蛋糕"是完全可以做大的。

现在的情况是：一方面许多人想学无门，有教不精，学不好走样。凡是热爱钩针编织和看好这个市场的有识之士都不希望看到这门指间技艺在历史的长河中消失，更不希望是消失在我们这一代手上。所以，播撒中华女红文化的种子，传授钩针手工技艺，使其吐露新芽，成了当务之急。市场呼唤更方便快捷的教学手段介入。另一方面，如今有些工艺繁琐得令人窒息的织造和手工编织已经势不可挡地进入了可机器操作时代，而唯独钩针技艺，至今尚无机器可替代，这反而提高了这门纯手工技艺的"身价"。在几乎人手一机的移动互联网时代，打开微信，各种各样的帽子头饰、围巾披肩、衣衫酷装、比基尼、地板鞋袜、呆萌玩偶等花样出彩的玩意儿随处可见。这全方位的传播也让差点从人们视野中隐退的钩针技艺重新大放异彩，更让喜欢摆弄钩针且能钩出漂亮织物的人们直呼时间太少了，两只手不够用哎！

在中国，女红是讲究天时地利人和，讲究取材自然、审美独到、心灵手巧的一项手工技艺，她是中国民间艺术彩练中的一环。而所谓的女红技艺、闺阁艺术，其中的许多“过门关节”小技巧，有时用文字、图画，甚至视频都难以表述清楚，通常是由母女、姐妹、朋友或街坊乡邻口授手传示范，心领神会才世代传袭而来。我们在学校教这些从未碰过钩针的学生时，第一件事就是要手把手地，帮他们把十个僵直的手指头一一摆布到位，搭好钩的“架子”……

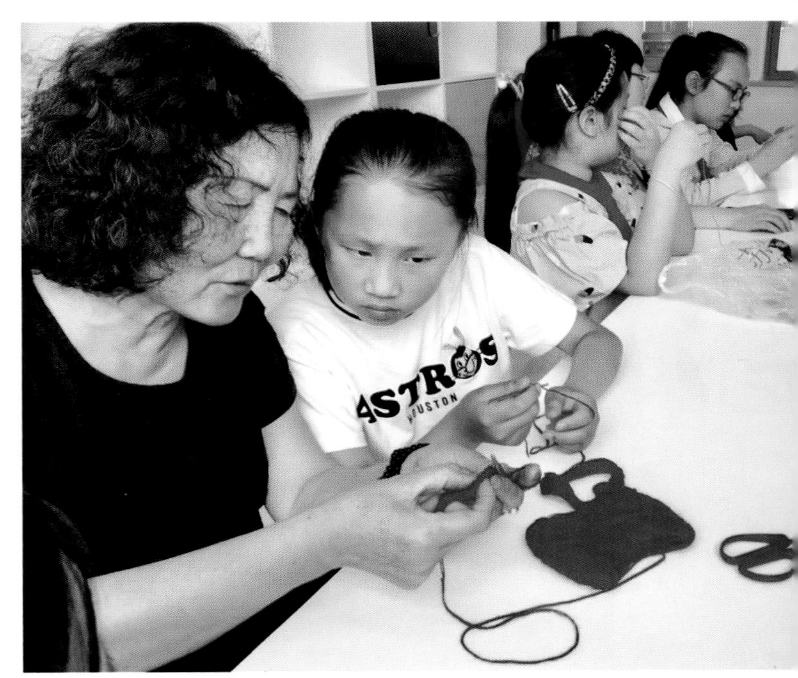
ASTROS

蕾丝！蕾丝！钩花蕾丝！

2016年8月22日，正在直播的里约奥运会闭幕式上，巴西妇女把精湛的钩针技艺，展现给了全世界！图片上便是用激光打出来的常规钩针编织图案——菠萝花。

这一幕，让我们心潮澎湃、思绪万千——我们也可以的！

再来“晒晒”出自同事朱凝亲家母之手的手工精品。

这是流传于匈牙利民间的手工绝技，花纹的工艺图是储存在人脑里的，用极细的棉线，绕在极小而细长的梭子上，需好多枚梭子。然后，用针固定起点，按花纹的工艺流程，纯手工上下左右、交叉来回进行编织。其精细的纹理，甚至需要借助放大镜，才能一睹交织针法之“芳容”。

用细钩针虽也可以钩出相似的花纹，但精细程度达不到，所呈现的视觉效果也不同。

在市图书馆翻资料，发现一本《孔斯特艺术蕾丝编织》，突然发现其中有两幅画面好眼熟呀。

原来，半个世纪之前，我的姐姐胡月华在常阴沙农场时，是张家港出口花边站的打样师傅，这两幅作品是她当时打的小样，没用了，被我收起来，保存至今。这是一种要用极细的、稍微用劲就会折断的四五根竹针，和细钩针一起操作才能进行的高难度工艺。

那么多年了，我不知道这种特别的编织工艺叫“孔斯特”，听上去那么洋气，在电脑排花、无人机织流行起来之后，慢吞吞的纯手工似乎并不愿意离开我们，反而愈加受到人们的宠爱。

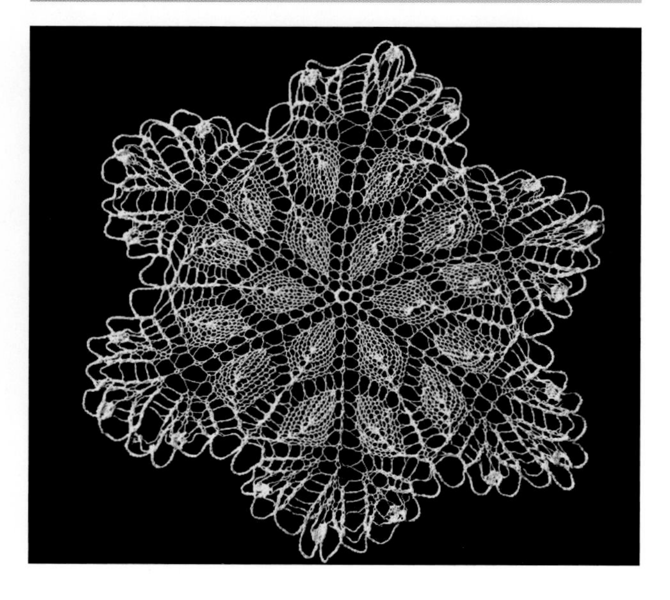

喜欢手工钩针编织，便三句不离本行，走到哪里都能遇到知音。

记得2019年土耳其、希腊之行，天公作美，云卷云舒，阳光将图兹盐湖照得闪闪发光，耀眼夺目。在奥斯曼民俗博物馆里，我惊喜地发现了土耳其早期的“DIY”——梭子手编的图案花、手工十字绣，花纹简约，流苏精细……

被称为地中海艺术村的伊亚小镇上，岩崖小屋里，经营着各种小商品。小店铺一家连着一家，鳞次栉比，哪家店更耐挑？哎呀，钩针编织艺术装饰品、比基尼、蓝水晶的“魔鬼之眼”——各种各样的新奇物件很是抢眼。异域风情，让人流连。

“快来看呀，他乡遇‘故知’！”这儿竟然也有钩针编织。

土耳其的手工织毯历史悠久，很有特色。当地卖织毯的人一看到来自中国的旅游团队，吆喝得更加来劲："美金，要美金！"

十几天的旅程，有许多不确定因素，我们最后一天的行程有点赶，参观伊斯坦布尔景点的节奏加快了，皮埃尔·洛蒂山、蓝色清真寺、托普卡普老皇宫、圣索菲亚大教堂、大巴扎……无论在哪里，我似乎都能看到手工编织的存在。

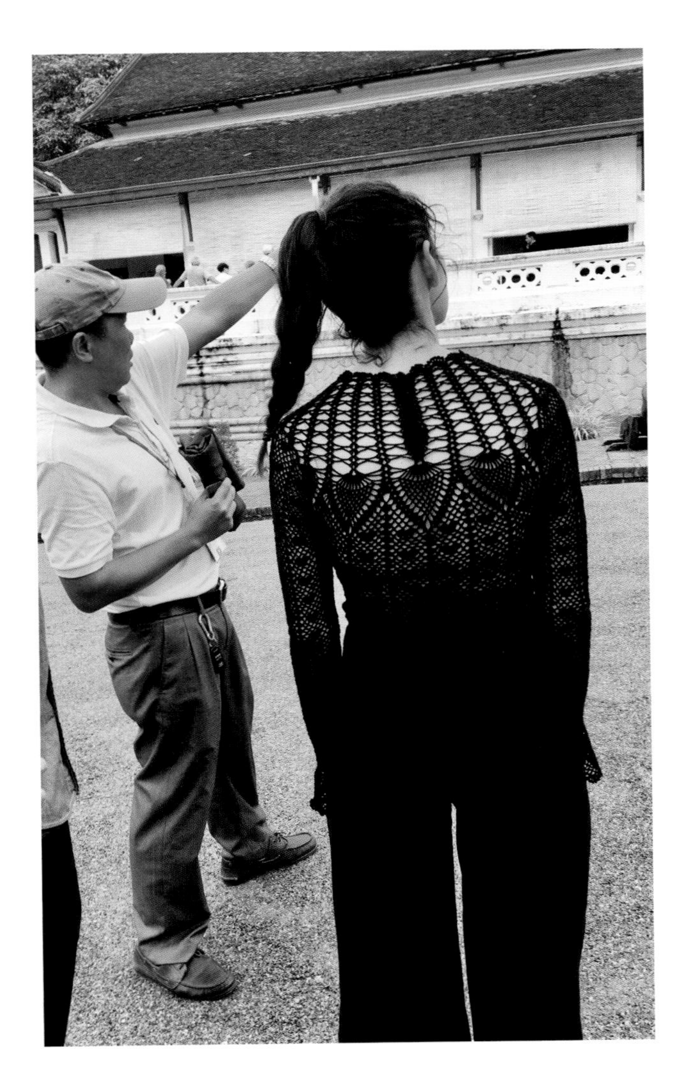

欣赏异域风情，追寻手工踪迹。不管是圣岛小店挂着的钩针编织工艺品、伊斯坦布尔大商店里的钩花服饰、民间收藏博物馆里的编织物、地毯厂现场织毯表演、圣索菲亚大教堂里的手工编织花边披肩，还是在排队等候参观时见到的俄罗斯女郎的钩针织包、休闲披肩、立体头花，都让我这个苏州的手工艺爱好者，对手工技艺技术的传播更加自信了。

钩针编织走进校园

世界是多彩的。

教育是多元的。

学生是多能的。

2016年9月，当我们三位老师带着钩针技艺，走进高新区苏州外国语学校大门，第一眼看到的，就是教学楼墙上的这三句教育理念，与我们的教学思路不谋而合——我们开设“趣味钩针”课程是切题的，即培养多能的学生。是啊，女孩学会一点女红，也是学会一个生活技能吧，这样起码在衣服掉了个扣子时，自己动手就能缝上了……

其实，走进学校教室传播钩针工艺，很早就有学校发出过邀请。一直没有回应，不是“搭架子”，是怕麻烦，甚至内心是有点抗拒的，因为现在城里的孩子们生活条件太好了，根本没有学女红的大环境。而之后我又为何改变了想法呢？是一位从伊犁来苏的彭蕊老师说动了我。

彭蕊是高新区苏州外国语学校的一位优秀教师。在学校领导的支持下，她与世遗教育团队合作，精诚团结，十年如一日辛勤劳作，开拓进取，成绩斐然。她曾获得高新区班主任基本功竞赛一等奖、高新区把握学科能力竞赛语文学科一等奖；曾担任国家级子课题“世界遗产与中小学课程的相容性”课题组组长，撰写的论文《在世界遗产教育中培养核心价值观的有效途径与方法》在江苏省中小学“师陶杯”教育科研论文评选中荣获三等奖，为学校和苏州中小学世遗教育争得了诸多荣誉。

同样的原材料，不同的人会编织出不同的图案。核心区别在于编织者不同的“自我”，不同的灵魂，也就是——个体别样的存在。帕克·帕尔默把教师称为编织能手。彭蕊说，她们苏外世界遗产社的老师和孩子们都是编织能手。苏外作为参与世遗教育的学校之一，让世界遗产教育在这里薪火相传，弦歌相续，取得了丰硕的成果，成为全市中小学世遗教育的示范学校。

放暑假了，彭老师在姑苏区非物质文化遗产名录中看到了金钩针编织技艺，一番打听，终于从社区居委会找到了我的手机号。彭老师给我打电话说，她想利用暑假来学钩针编织，学会了再教给学生。在几番交往之后，彭老师说，她是国家级子课题“世界遗产与中小学课程的相容性”课题组的，很想把钩针编织技艺引进课堂，让初一初二菁英班的女生们学点非遗级的女红功夫。那天，坐在我的工作室里，彭老师用了大篇幅的理由来动员我参与。后来拗不过她的盛情邀请，抱着试试看的心态，我们三人组团前往。

因为一枚钩针，我第一次站到教室讲台上讲课。上课的第一句话是：“请问哪位同学原来就会钩织？”没人举手。“请问哪位同学的妈妈会钩织？”依旧没人举手。大概是不想让这位外来的老师过于惊讶失落，后排有同学举手说：“我外婆会织毛衣。”发钩针时，许多同学是第一次见，是新奇的眼神；有同学不会捏钩针，急得手上的汗都将线浸湿了；几乎每个同学第一步都要手把手地教，把她们僵硬的手指逐一放到位。“老师，老师，快教我！”第一堂课上，这样的声音不绝于耳……

党员
Xiu Dang Yuan
为民
凝心聚
善耕善
清廉
奖 状

务实

金钩针
编结工作室

Confiantes
Créatives

Paris

真没想到，这门跟随我辈几十年的女红伴手活儿竟已断层两代人！震惊之余，我们更多了反思，如何用更适合现代学生的方法来传播这门技艺呢？于是，我们带了钩针实物、实样到课堂上展示，以提高学生对钩艺之美的直观印象和学习兴趣。课堂上，除了板书，我们还会播放备课时录制的小视频，将一个一秒的“起针”动作制作成慢动作展示，从左手挂线，到右手捏针、钩针插线向下朝胸前转、手指跟着捏住交叉点，这一个连贯动作，我们通过慢动作逐一分解成若干个章节，反复演示，让孩子们可以直观地看到、学会。

从第一课之后，我们三位老师正式开始每周两次，为两个班和一个社团的70名同学上“趣味钩针”课。第三次上课时，全班27位女生已经学会了起针等，通过了“零基础”这条起跑线，学得比我们想象的快。接着，辫子针、短针、长针、加针、减针，每项基础针法都有序地安排。于是祖母方的杯垫、绿叶红玫瑰、菠萝花，圆的、方的、平面的、立体的，在孩子们十指舞动之间，纷纷钩出来啦！我们看到了教学能收获的最美情景——全神贯注，看到了普通的线在女孩手中变成动人的物——这是我们最开心的事情。此后，每次上课，同学们都信心倍增、兴致勃勃，老师们耐心细致、不厌其烦，每次下课铃响，总在心里想，两节课的时间怎么那么快？

Panasonic

崇真
向善
INCLINE TO GOODNESS
尚美
LSR
WYY

学期末考试前，“趣味钩针”课要结束了，总体成绩还不错。寒来暑往，我们在苏州外国语学校两个学期所付出劳动的直接结果是播下了手工钩针编织的种子，让孩子们体验到了钩针技艺的神奇，她们说：“老师，我下学期还想学……”

百年钩艺，需要世代相传，而走进学校教授钩针技艺，是传统手工艺传承的必然趋势。

金钩针编结工作室从2004年创建至今，钩针技艺日臻完善，“铁杆粉丝”和回头客纷至沓来。在奉行“互帮互学，能者为师”“学海无涯”的编织工作室里，十七八位老师埋着头，每天钩钩钩，夜以继日。十多年的运营，我们积累了丰富的钩针编织经验，名声远扬，订单不断，应接不暇。但是，正如俗话所说：“谋事在人，成事在天。”生活从来不会一成不变，总有你意想不到的不可抗拒的因素，在你不遗余力之时与你不期而遇。由于工作室大多数老师上有需要照顾的年迈父母，下有需要接送上学的孩子等客观原因，我们渐渐难以承担越来越多的订单，门店经营只得暂且“偃旗息鼓”。对外教学则一度由只接受经由街道、单位等社团的邀请，逐步转向有需求的成人钩针编织教授。

自从走进苏州外国语学校教授钩针编织课，传承钩针编织指间技艺的使命感与日俱增。我们又先后接受了苏州非遗教育基地的平江实验学校、善耕实验小学、市少年宫等的邀请，组建了一支既有精工手艺又有教学热心的六位老师团体，定点定期开设钩针编织课。教师团队在姑苏城几所学校间来回奔波，教那些零基础的学生学习钩针编织技艺，“辛苦着，并快乐着”。

教育是什么？德国著名教育家雅斯贝尔斯认为，教育是一棵树摇动另一棵树，一朵云推动另一朵云，一个灵魂唤醒另一个灵魂。

顺着“让学生是多能的”这个思路，我们让钩针编织进入了校园。一番实践下来，我们欣慰地发现，学生们都从内心喜欢学这样的手工，并且都通过动手操作有所收获。在平江实验学校、善耕实验小学，又一个学期的钩针编织课要结束了，学生们圆满完成了结业作业，我们让学生把自己的作业粘在彩色卡纸上，集中在课堂上展示。最后一节课正好赶上圣诞节，老师们提前准备了钩针编织的圣诞礼物，送给每一位学生。大家都非常高兴，甚至家长都在门口等了，还是不愿意离去，围在老师们身边蹦蹦跳跳，依依不舍地问道：“老师，老师，我们下学期钩什么呀……”

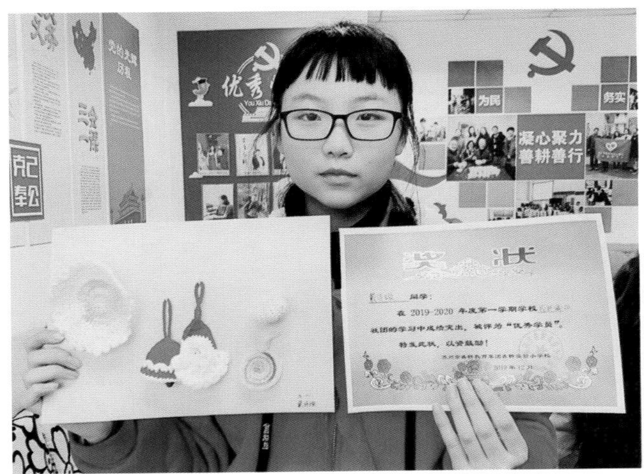

有人说想做一件事，任何时候开始都不晚；也有人觉得，应当在什么年龄做什么事比较好。其实我认为，人应当趁早学习，学无止境。又想起我的那张已经发黄了的一个甲子之前的成绩报告单，在“生产劳动课”一栏里，班主任徐老师给我写下的评语让我感动至今。感谢徐老师，这不仅是对我这门功课的肯定，更在今天，给了也成为老师的我们一种教学启示，即培养孩子的动手能力还是有讲究的，有科学合理的年龄段要求的。

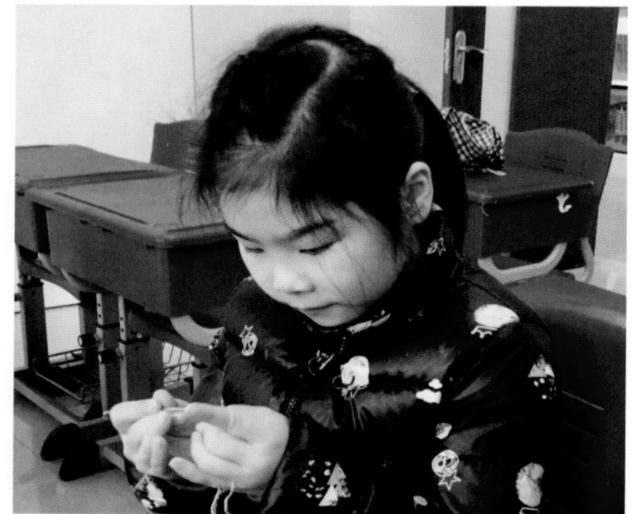

周二
钩针编织
习近平总书记

有研究表明，人脑在十岁之前发育速度最快，十二岁左右脑重已经与成人相当。儿童九岁后脑重增加减缓，但是脑细胞内部的结构进一步优化，大脑的各项功能逐渐趋于成熟。

日本著名的脑科医师、作家和田秀树提出了“九岁之壁”的概念，说的是孩子的大脑发育会在九岁、十岁左右往上提升至另一阶段，是儿童成长的一个关键期。此年龄段前后的孩子，大脑思维状态差别很大，此时进行有针对性的教育，往往能够事半功倍，取得较好的教育效果。教育学者鲁道夫·史代纳把这个时期称为“儿童跨越卢比肯河”，这一时期，孩子的生理和心理特点变化明显，是培养其学习能力和习惯的最佳时期。

优秀党员
You Xiu Dang Yuan
克己奉公
三会一课
奖状

克己奉公
为民
奖状
在 2019-2020 年度第一学期学校
社团的学习中成绩突出，被评为"优秀学员"，
特发此状，以资鼓励！

结合自身实践及多年的学校教授经验，我认为人的双手十指运动一般从6—8岁开始，这时人的记忆能力和手、脑、心的协调能力都是最佳的，左右手和左右脑的协调配合可以得到高效的训练，所以从小培养孩子的动手能力和对美好事物的兴趣很重要。喜欢钩针编织的学生往往能坐得住，能专注、静心，能富于想象，有追求并能从中收获快乐，懂得能通过自己的双手实现想要的结果。

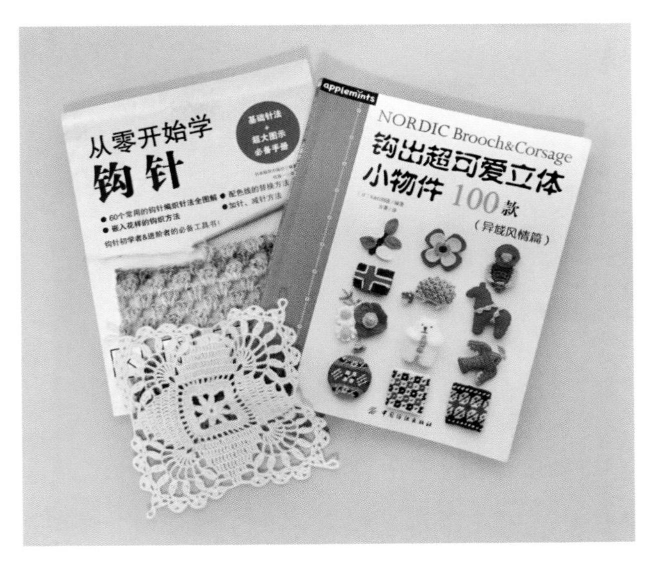

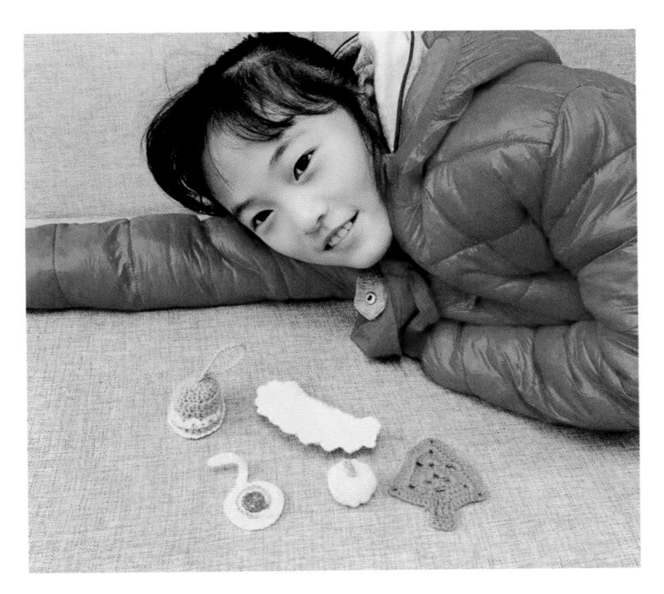

人的一生很漫长，但最关键的，却只有那么几步。书读得多了，人生自然就有所改变。许多时候，有人可能以为学过的知识都还给老师了，许多看过的书都成了过眼云烟，做过的功课都不复记忆，其实不然，知识对我们的影响是潜移默化的。过往读过的书、学会的道理，肯定都会反映在你的气质里、谈吐上，浸润在你的生活中。

学生进学校学习，除了学好数理化，还要学会操作电脑，培养生活自理能力……要学的东西太多了。而一旦完成学业，踏入社会，开始成年人的人生之路，职场的竞争，家务的繁琐，育儿的操持，工作和生活的压力会从四面八方迎面而来，所以，学会自我调节是十分必要的。而当我们拿起钩针玩编织的时候，我们的心、眼、手合一运动，专注于此，会带来一种纯粹的快乐，补充能量，缓解我们的焦虑。所以我想，女孩子们不妨趁着年轻，学点女红功夫，这是只有好处，没有坏处的。

已连续几年，我们带着钩针和线进校园，让一届届的学生在读书之余，学到了钩针编织的基本技能，也享受到了钩针编织带来的快乐。与此同时，我们也看到了钩针编织这一门传统手工技艺可以拥抱未来的希望！

玫瑰花
1. 花瓣数 ×2+1

蝴蝶

棒棒糖（螺旋钩）
小蝴蝶结
R1 环起8针
R2 2×8
R3 3×8

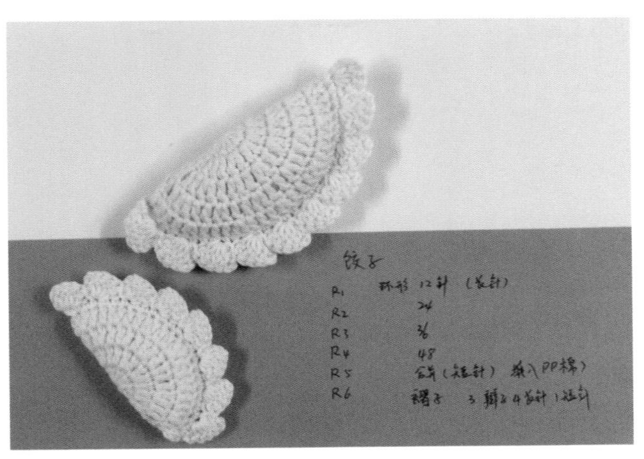
饺子
R1 环形12针（长针）
R2 24
R3 36
R4 48

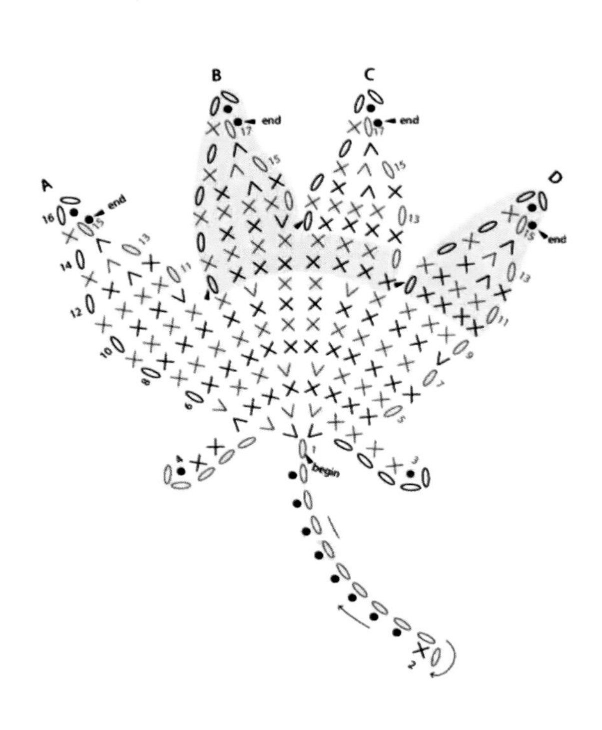
A
B
C
D
end
begin

金钩针教授团队成员表白

钩针编织于我，始于上学时实用的饭盒兜和农忙时帮大人拔秧所用的手套，那是没有塑料袋的年代，各种手工钩针编织的网兜和缝纫布艺成了最好的手袋。

后来钩针技艺日渐长进，便自然解锁了钩针能到达的各个领域，玩偶、帽子围巾、包包、服饰、桌布等，给生活带来实用和美感的同时，还有一份优雅的闲情逸致。

有幸生活在网络时代，想学习有更多的渠道和方法，款式变化相对容易多了。我常常浏览各种编织学习群、手工公众号，借鉴前人的经验，将作品改版到合适的尺寸，少走了许多弯路，也能迸发出更多的创意。每次和有钩针同好的织女小聚，总能给我带来惊喜：各自穿着自己的钩针衣裳，或相互欣赏，或交流技法，或切磋手工，或讨论团线价格，或聊时尚品美食……亦师亦友之间，就像一个温暖的大家庭。对我来说，收获总是要大于付出，因此，这份雅致兴趣我还将继续，有家人朋友的关爱加持，有钩针同好们的赞赏和肯定，希望我能创出更精美的作品！

——屠锦华

对于钩针编织的喜爱始于童年。表姐们的暑假时间都在做外贸加工活儿，看着一枚小小的钩针可以如此神奇，不时地就能变幻出小金鱼、花蝴蝶、菠萝、玫瑰花等各种图案的桌布饰品，一颗小小的追求钩艺的种子就此在心中埋下……

与金钩针结缘纯属偶然。周末，要回父母位于双塔的老宅，从观前街一路闲逛，路过颜家巷口金钩针编结工作室小小的门店，被橱窗里模特儿身上的一件“贝壳衫”吸引住了眼球。踏进店内细细看着挂着的钩衣，每件都是精品啊！看着我件件样样都喜欢的样子，店主人又拿出更多宝贝来，并说要是喜欢可以来学，只要想学，零基础也能保证教会。这一下，把我对钩艺的那一点念想彻

底唤醒。之后的几个周末，我都窝在金钩针小小的工作室里，老师手把手地从最基础的握针开始教，让我这个钩艺“小白”第一次独立完成了自己的一件“贝壳”小坎肩。

这个不大的工作室就像充满了磁场。每次踏进小店，总能看到三五爱钩艺的人围桌而坐，在店铺的小天地里相互切磋、交流，相互学着、钩着，在对作品的设计、色彩的搭配、针法的应用上，老师们都是巧动脑筋，追求完美，所织出的物品展现出的是姑苏匠人匠心的魅力。接触下来，我渐渐和胡老师成了至交。

玩钩针的过程充满了惊喜，不但可以见到一根根线慢慢钩成各种美丽图案，而且拼接效果常常出其不意；最后你还可以收获美好的成品。有时候钩织的过程看似乏味漫长，但真正投入其中你会发现，它可以让人的心静下来，让生活节奏慢下来，“玩钩针的感觉原来可以如此美好”。

我有幸随胡老师为着钩艺的传承而奔波忙碌，一起去学校教授喜爱女红的小朋友学习钩针编织技艺。一个学期下来，我们看到了孩子们在完成各种小蝴蝶、玫瑰花、小南瓜等作品时露出的骄傲笑脸，我相信，钩艺也将在未来的生活中成为她们的静心一隅。

——唐蓓

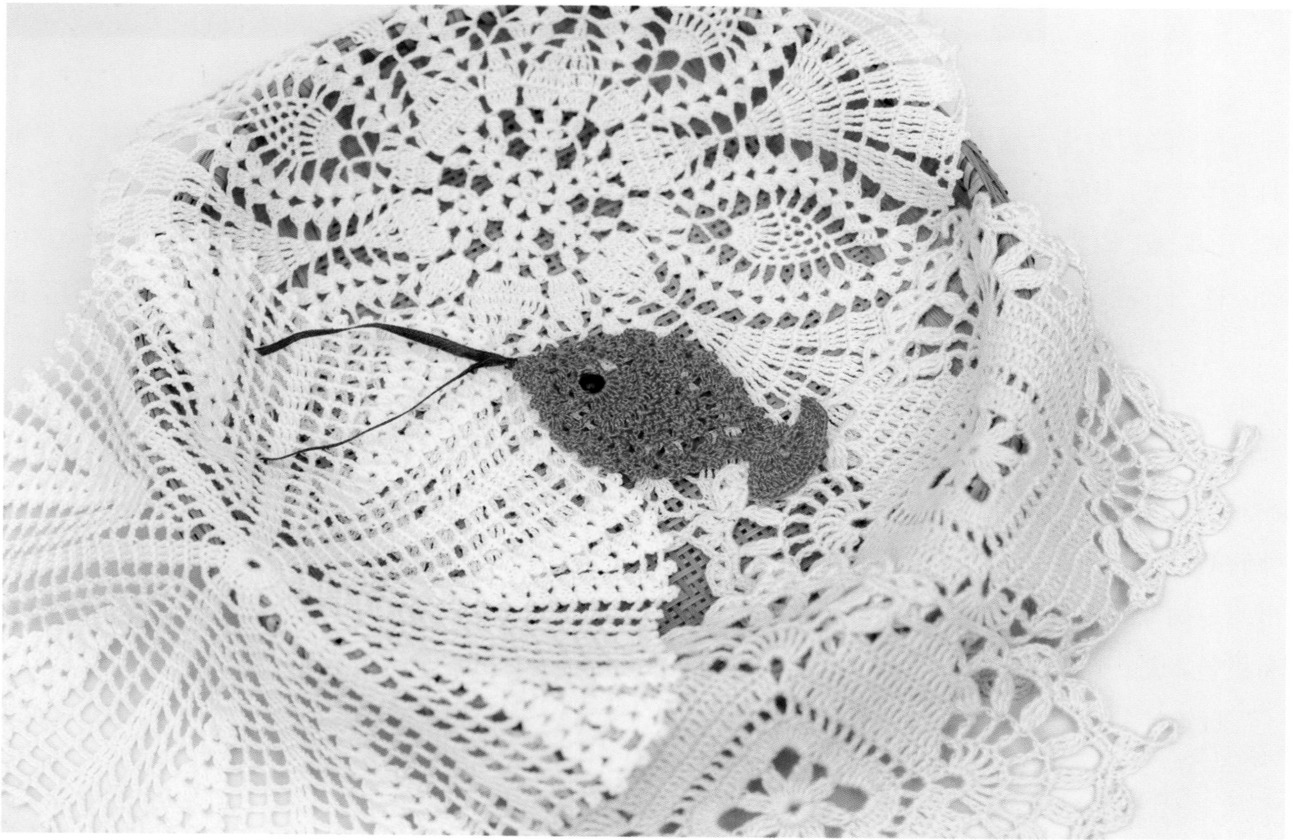

小时候，因父母去支援祖国大西北建设了，我是在苏州和外婆一起生活的。在擅长女红的外婆的日常熏陶之下，一根钩针让我玩得非常得心应手。

那时，虽然钩针编织花样不多，但是做工却非常讲究，将钩针编织做到了极致，材料也就是缝纫机线和极细的钩针，经针钩线绕，成就了精美的衣领、桌饰、电视机套、电风扇罩、茶几垫、杯垫等，这些钩艺成品即使放到现在，也都是时尚的艺术品。

那时的姑娘们只要得闲，随时会拿起钩针和线，边聊天，边手指翻飞，不几时，就有了模样。街坊邻居或同学姐妹，谁有了好花样，大家便兴致勃勃地一番讨论，等不及传到下一个，便把花样手绘出来，不像现在手机拍照或复印这么方便快捷，但是一点也不耽误大家的热情。玩钩针也给我的童年带来了难以忘怀的乐趣。

独乐乐不如众乐乐，钩针编织的快乐从小到大一直伴随着我。而如今，我正与老师们一起走进校园，将这份快乐传递下去。

——朱然燕

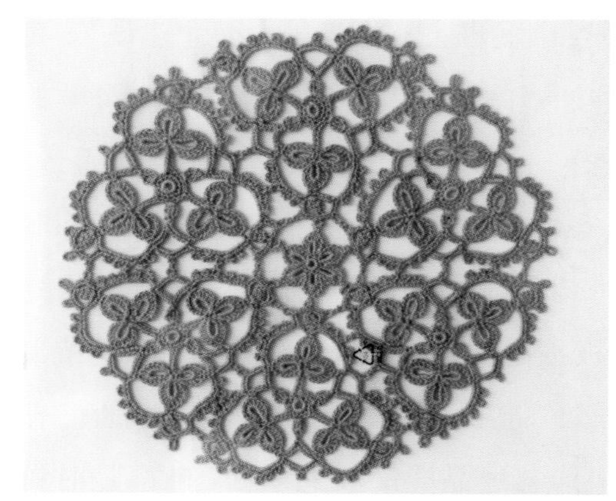

我与钩针的缘分，那还得追溯到童年时代。

当时，邻家女孩正在赶做一批出口的钩手帕花边的活儿，交货的工期很紧，为了帮她如期完工，我学着拿起钩针，开始用钩针来编织。当我第一次捏住钩针时，就有一种爱不释手的感觉。一枚小小的钩针，一团洁白的线团，在钩针与线的来往之间，变幻出美丽的花边。这次美好的体验让我就此爱上了钩针编织这门手工艺，生活中平添了手工的快乐。

从此，每当看到新的花朵片儿或者花样款式，我总是迫不及待地拿起钩针，用心地钩啊钩，心想着要快点儿变成自己的作品。在钩针编织的世界里任思维自由飞翔，静静地享受着钩针编织世界的变幻无穷。小小的一枚钩针，能抚平都市生活带来的浮躁，带给我无尽的欢乐和成就感。谢谢与你结缘，小小的钩针，这份缘也会伴随着我一直朝前走……

——陈晓燕

开始学钩针编织的情境我至今记忆犹新：上中学时的一个暑假里，见邻家小姐姐拿着一根钩针和一团白色棉线坐在家门口，头也不抬地钩啊钩，没过几天，就见她钩出的一条金鱼桌布铺在桌子上，非常好看，我便好奇起来。一走进她家，哇，大大小小的钩针编织物几乎布满了房间——绿色的玻璃杯配上了专门钩织的小垫，上面还放着一只可爱的小鸭子；花瓶也被套上了钩织的“保护套”，着实让人大开眼界。这些钩艺小物件都是这位小姐姐根据日常生活的需要而设计钩编的，既实用又美观，似乎还有一种魔力——我情不自禁地被它们深深吸引了。

去她家近距离看到钩针编织物之后，我便也时常学着用钩针来钩各种小东西。再后来，钩针编织成了我最大的手工爱好，钩针编织的慢节奏给我的生活带来了无限的乐趣。通过一支钩针可将一根线编织成一片织物，进而将织物组合成衣服或者家居饰品，这个过程充满了喜悦和成就感。也因为钩针编织，我交到了很多同好，通过网络甚至还结识了外地爱好钩艺的朋友，我们经常约会切磋技艺，分享钩编作品的美，同时也同享着钩针编织的无限魅力。

——费红

Fanta

后　记

《钩艺——金钩针编结工作室作品鉴赏》一书付梓，是从事钩艺多年的一个小结吧。我颇为高兴，有些忐忑，也有些感慨——就是这双手，年轻时在苏北农场干农活；正当年时在苏州日报社写新闻；退休之后，开了工作室玩钩针，得了个苏州市姑苏区"非遗"，还上了"学习强国"。我知道"山外有山，人外有人"，我还在努力，"最好的作品还在手上"。对技艺的追求与对美好的展想还会继续的。最高兴的就是生活充实，广交朋友，有所作为。

传统手工钩针编织的传承、守望、创新，得到了来自社会方方面面的重视和关注。我在新闻记者岗位工作了二三十年，金钩针编结工作室耕耘至今也有十六七年了，但将钩艺整理成册还是首次尝试，要感谢苏州日报社社长张建雄的大力支持，并给了基本的写作思路。要感谢古吴轩出版社尹剑峰、高卫兵、钱经纬、陆月星等领导的悉心安排，感谢编辑鲁林林、韩桂丽、殷文秋等同仁们，让我的美好理想得以变为现实。文中涉及英文部分，感谢张锡华老师的帮助。部分参考资料，感谢胡伯诚先生提供帮助。

书中选用的部分图片，前后经过了十多年的积累，由我的好朋友和报社同仁倾情相助拍摄，他们是鲍俐文、柯晓青、王建中、于祥、徐志强、王亭川、姚永强、华雪根，在此一并诚挚感谢。

金钩针编结工作室创办至今，先后有三十多位各有所长的钩针编织爱好者参与运作，大家共同切磋钩针技艺，分享编织快乐。工作室可谓是高手云集。要感谢姐妹们的诚挚付出和长情陪伴。尤其是当有人以高回报邀请时，她们仍对金钩针不离不弃，让人心生敬意。金钩针编结工作室自2004年开张以来，有多少钩艺爱好者前来打卡"确认眼神"已难以数计，更有"铁粉"们追随至今，早已成了我们生活中的好朋友。

目前金钩针教授团队已走进学校，在课堂上传授钩针技艺。要感谢平江街道，感谢苏州外国语学校、平江实验学校、善耕实验小学，感谢少年宫的领导们，让我们的团队也充分享受到了传播钩艺的快乐！